软件系统开发指导教程系列丛书

教育部国家高等学校特色专业建设项目

软件工程——软件系统开发专业方向建设项目　支持

面向对象编程基础

——Java 语言描述

马春燕　张　涛　编

西北工业大学出版社

【内容简介】 本书为软件工程专业《软件系统开发指导教程系列丛书》之一。首先,本书介绍了面向对象基本概念和特点,以及根据需求说明设计类图的方法,重点围绕面向对象程序的封装性、继承性、多态性和关联关系等特性,阐述应用 Java 语言的面向对象编程实现技术。其次,本书还详细介绍了抽象类与接口、设计模式等面向对象设计的高级主题,以及 I/O 编程、GUI 编程等高级 Java 语言编程技术。

本书通过大量具体示例及贯穿全文的综合应用案例来阐述理论知识,具有较强的工程性和应用性。

本书可作为高等院校软件工程教育核心教材,也可作为计算机专业及相关专业的课程教材,以及软件开发人员参考用书。

图书在版编目(CIP)数据

面向对象编程基础:Java 语言描述/马春燕,张涛编. —西安:西北工业大学出版社,2010.6
(软件系统开发指导教程系列丛书)
ISBN 978 - 7 - 5612 - 2830 - 2

Ⅰ.①面…　Ⅱ.①马…②张…　Ⅲ.①JAVA 语言—程序设计　Ⅳ.①TP312

中国版本图书馆 CIP 数据核字(2010)第 124480 号

出版发行:西北工业大学出版社
通信地址:西安市友谊西路 127 号　邮编:710072
电　话:(029)88493844　88491757
网　址:www.nwpup.com
印 刷 者:陕西向阳印务有限公司
开　本:787 mm×960 mm　1/16
印　张:19.75
字　数:419 千字
版　次:2010 年 6 月第 1 版　2010 年 6 月第 1 次印刷
定　价:33.00 元

《软件系统开发指导教程系列丛书》编委会

出 版 说 明

　　2001 年 12 月，教育部批准成立了 35 所国家示范性软件学院，旨在为国家软件产业的发展培养多层次、实用型、高水平、具有国际竞争力的专业人才，以适应社会对软件高端人才的需要。各软件学院在这样的大环境下，纷纷挖掘自身的优势，采用各种先进的教学模式，注重教育与教学改革，已形成了各具特色的软件工程教育体系。广大教师也在这样的教育教学中不断对传统软件工程教学进行总结，并汲取国外先进教学中的精髓，取长补短，积累了丰富的教学实践经验。

　　有鉴于此，我们组织策划了《软件系统开发指导教程系列丛书》。本系列丛书共 10 册，包括《计算机编程导论》《计算机系统导论》《面向对象编程基础——Java 语言描述》《交互式用户界面设计与测试》《数据库系统——设计与应用》《数据结构与算法》《系统级编程》《网络与分布式计算》《软件规范测试与维护》《软件项目组织与管理》。本系列丛书的出版意欲将广大教师在培养国际化、应用型软件工程化人才的教育教学中积累的经验进行推广与传播。特别是将这种教学理念在一些外语基础薄弱，还不能适应双语教学的学生中推广。

　　本系列丛书的分册主编均是各软件学院活跃在教学第一线的教师。他们都具有多年的教学经验、深厚的专业功底和丰富的软件开发实践经验，因而保证了这套丛书理论与实践兼备，教与学互动，特色鲜明。

　　为确保本系列丛书的质量，我们邀请了软件学院的一些专家、教授，成立了《软件系统开发指导教程系列丛书》的编委会。他们当中有全国知名的计算机专家、科学院院士，也有在软件工程教育中有着丰富工作经验的教授、博导，也不乏具有出国留学经历的教师，他们对国际与国内该领域的技术状况、应用环境都十分了解。这些均有利于从总体上把握本系列丛书内容向着适应国内需要并与国际接轨的方向发展。

　　我们将以高度的社会责任感，投入满腔的工作热忱，精益求精，为广大读者提供高质量的精品图书。

西北工业大学出版社

2009 年 3 月

前　言

为了满足我国软件产业发展需要,培养高层次软件人才,国家教育部先后在全国设立了35所国家示范性软件学院。笔者所在的软件学院以培养国际化、工程型、复合型软件人才为目标,积极引进了国外先进的课程体系。在多年的教学实践过程中,笔者积极探索对国外课程体系的吸收和改进,并编写了本书。

本书的主要指导思想是:

(1)培养学生用面向对象的思想进行软件设计的能力;

(2)培养学生应用面向对象机制进行规范化编程的能力;

(3)培养学生熟练运用 Java 语言和专业工具进行面向对象软件开发的能力。

在国内属于软件工程这一领域的图书中,要么是单纯介绍面向对象设计理论的书籍,要么只是 Java 语言的参考书,而本书则将面向对象设计与编程进行了完美结合。虽然,Java语言是辅助面向对象设计的编程语言,但是通过本书对它清晰的讲解,能使读者更加理解 Java 语言编程的精髓。

本书针对面向对象软件设计和编程,讲解了 UML 技术、面向对象设计模式、Java 面向对象编程技术、Java GUI 编程等软件设计和开发实用技术。在讲解面向对象基础理论和 Java 语言基础知识的同时,提供了丰富的应用示例,详细讲解知识的应用方法,强化和培养学生对知识的灵活应用能力和软件开发能力;书中还讲解了 Eclipse 开发工具、Javadoc 技术和 Java编码规范,强调对学生规范化软件开发和职业素养的培养,并且以企业实际项目进行案例分析,重视学生职业实战能力和工程素质的培养。

本书适合作为全国示范性软件学院软件工程专业及计算机相关学科本科教材,参考教学时数为 40 学时,配套实验课时 72 学时。若课内实验机时安排不足,可安排课内机时和课外机时各 36 学时。

为了便于读者使用,笔者为本书制作了电子课件。需要的读者可登录西北工业大学出版社网站下载。

本书第 1～10 章由马春燕编写,第 11～12 章由张涛编写。朱怡安教授、蒋立源教授、吴广茂教授、王丽芳教授等对本书的编写提出了不少宝贵意见和建议,笔者在此向他们表示衷心的感谢。

书中难免有不妥之处,敬请读者批评指正。

编　者

2010 年 3 月

目　　录

第1章 面向对象基础

1.1 对　象

在学习软件对象的概念之前,可以先来看看现实世界中对象的概念。在现实世界中的任何有属性的单个实体或概念,都可看做是对象。对象可以是有形的,例如,学生张三、顾客李四、王教授和402教室等;对象也可以是无形的(即概念对象),例如,一个银行账户、一个客户订单、学生选修的课程、学生获得的学位等。

一般现实世界中的对象都拥有属性,由属性来描述对象的静态特征,例如,学生张三具有属性:姓名、学号、成绩等;顾客李四具有属性:姓名、账户等;银行账户具有属性:用户名、余额等;订单具有属性:货品名、单价、数量等。

在现实世界中,往往要对对象实体的属性进行操作。例如,打印学生张三的姓名、学号和成绩,查询顾客李四的账户余额,打印订单的价格等。对对象属性的操作,描述了对象的动态特征。

在用面向对象技术搭建软件的过程中,可以将现实世界描述的问题域中的对象抽象为具体的软件对象,通过一系列软件对象以及它们之间的互操作,来完成用户要求的功能。如图1.1所示,一个软件对象是一个软件结构,它封装了一组属性和对属性进行的一组操作,它是对用户需求中描述的对象实体的一个抽象。因此,软件对象,其实就是现实世界中对象模型的自然延伸。这里将软件对象简称为对象,本书以后章节中所指的对象,都是指软件对象。

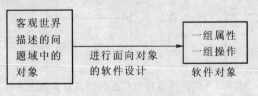

图1.1　对象的概念

1.2 面 向 对 象

面向对象(Object Orientation)是一种软件开发方法,它包括利用对象进行抽象和封装的类、通过消息进行的通信、对象的生命周期、类层次结构和多态技术[1]等。对象是核心概念,对象之间通过消息进行通信来完成相应的功能。它是现实世界中实体或概念的软件模型。如图 1.2 所示为对象之间的联系。

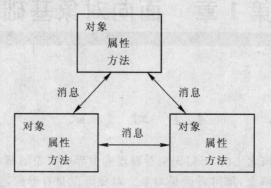

图 1.2　面向对象技术

通过面向对象的技术,可以较容易地实现一个现实世界中问题域的抽象模型。现以银行业务员为顾客提供存款和取款的服务操作来说明。为了实现顾客存款和取款的操作,银行业务员需要知道顾客的用户名、密码和账户余额等顾客账户详细信息,以便确定顾客是否有支取一定金额的权利。

当使用面向对象技术建立软件模型时,对于问题域中的顾客和账户,都可以成为建模对象,因为它们都是具有属性的实体或概念。顾客的属性包括用户名、身份证号和密码等;账户的属性包括卡号、账户余额等。从需求抽取的对象模型如图 1.3 所示,顾客对象和账户对象通过消息进行通信,银行业务员可以很方便地通过顾客对象访问其账户信息,以便完成顾客存款和取款等操作。

图 1.3　访问顾客账户信息的面向对象技术

从上例可以看出,进行面向对象的软件设计,就是将所要解决的现实世界的问题抽象为软件对象,对象和对象之间通过消息进行通信来完成一定的功能。

总之,面向对象技术是以对象为中心、以消息为驱动的软件建模技术,它将需求域中出现的实体或概念以及它们之间的关系抽象为对象及消息,对象之间通过消息进行通信,来完成相应的操作。

1.2.1　类与对象

几乎所有现实世界中的东西,都可以在软件中建模为对象。例如,可以将一台电视机,建模为一个对象;在更抽象的环境中,可以将一个二维"点",建模为一个对象;或者更一般地,需求中描述的所有拥有属性的实体或概念,都可以建模为一个对象。每个对象都有一组和它相关联的属性(又称为数据或状态),如电视机的属性包括型号、频道和指示开关的状态等;二维"点"的属性包括 x 坐标和 y 坐标等。如图 1.4 所示给出了三个二维"点"对象。

对象除了拥有属性之外,还拥有建立在属性之上的方法(又称行为、操作或服务),提供操作属性的方法是对象的职责。电视机需要提供访问其型号的方法以及修改其状态的方法;二维"点"需要提供访问其 x 坐标值和 y 坐标值的方法。当然,对象提供哪些方法,要依据具体的系统需求来确定。通常对象都提供了访问和修改其属性的方法。当一个对象被使用时,主要关心的是它提供了哪些操作。

```
对象 pointOne
属性:
    x : 100
    y : 20
方法:
    getX() : 返回 x 坐标的值
    getY() : 返回 y 坐标的值
```

```
对象 pointTwo
属性:
    x : 300
    y : 500
方法:
    getX() : 返回 x 坐标的值
    getY() : 返回 y 坐标的值
```

```
对象 pointThree
属性:
    x : 70
    y : 60
方法:
    getX() : 返回 x 坐标的值
    getY() : 返回 y 坐标的值
```

图 1.4　二维点对象举例

对象包含信息(即描述对象的属性)和用于处理对象的方法。任何对象都可包含其他对象,称为子对象,这些子对象又可包含其他子对象,直到问题域中最基本的对象被揭示出来。例如,一辆汽车可被看成一个对象,它包含发动机等许多组件。发动机又可以被看成一个子对象,它也可能包含其他子对象。至于对象要细化到哪一级,则取决于现实世界中系统的需求。

由于在现实世界中,任何实体都可归属于某类事物,任何对象都是某一类事物的实例,因而可以将所有二维"点"对象的共性抽取出来,形成类 Point。类 Point 是对所有二维"点"对象特征的描述或定义,所有的二维"点"都有 x 坐标和 y 坐标的属性,以及建立在该属性之上的操作 getX() 和 getY(),这里假设 x,y 的数据类型为浮点型(float)。类 Point 如图 1.5 所示。

在软件中,类就是一个创建对象的空模板(即属性没有具体的值),它定义了通用于一个特定种类的所有对象的属性和方法;对象是类的实例,对象提供了类模板中属性的值,即给类中的属性赋予确定的取值,便得到该类的一个对象。如图 1.4 所示的对象 pointOne,pointTwo 和 pointThree 都是类 Point 的实例。

在面向对象系统中,每个对象都属于一个类。属于某个特定类的对象称为该类的实例。

因此,常常把对象和实例当做同义词(本书后续内容将对对象和实例不加区分),即实例是从某类创建的一个对象。

```
类 Point
属性:
    x: float
    y: float
方法:
    getX() : 返回x坐标的值
    getY() : 返回y坐标的值
```

图 1.5　类 Point 图示

从程序设计的角度看,类是面向对象程序设计中最基本的程序单元。类实际上定义的是一种数据类型,这种数据类型就是对象类型。上述类 Point 就是对象类型,可以使用类名称 Point 来声明对象变量,即

Point　pointOne;

Point　pointTwo;

Point　pointThree。

当程序在内存中运行时,对象被创建并存在。在某一时刻,一个类可能只有一个对象存在,也可以有任意多个对象存在。当编写程序时考虑的是类,但程序运行时处理的是分配了内存空间的对象。

通过上面的例子,阐释了如何去认识软件建模中的类和对象。下面给出对象和类的概念[1]。

对象(Object)。对象是面向对象的基本单位。对象是一个拥有属性、行为和标示符的实体。对象是类的实例,对象的属性和行为在类定义中定义。

类(Class)。类是一组对象的描述,这一组对象有共同的属性和行为。

在概念上,类与非面向对象程序设计语言中的抽象数据类型比较相似,但是,由于类同时包括数据结构和行为,因而更为全面。类的定义描述了这个类的所有对象的属性,也描述了实现该类对象的行为——类的方法。

基于上述类和对象的例子,可以帮助理解类和对象的概念及其区别。

1.2.2　属性

在面向对象的思想中,通常用属性(Attribute)(或者称之为状态和数据)来描述对象的特征,在具体的应用环境中,属性有其确切的对应值。例如 1.2.1 节中提到的,用来表示二维"点"pointOne,pointTwo 和 pointThree 特征的 x 坐标和 y 坐标就是属性。

对象的属性,用于保持对象的状态信息,可以简单到是一个布尔型变量,记录"开"或"关"

状态；也可以是一个复杂的数据类型变量——对象类型。例如，如图 1.6 所示的类 Triangle，它包含五个属性，前三个属性 pointOne，pointTwo 和 pointThree 是对象类型（即 Point 类型的），后两个属性 perimeter 和 area 是浮点型（即简单的基本数据类型）。

在面向对象的编程语言里，这一组从属于某类对象的属性，是用变量来表示的，这些变量称为类的成员变量。

```
类 Triangle
属性：
    pointOne : Point
    pointTwo : Point
    pointThree : Point
    perimeter : Float
    area : Float
方法：
    getPerimeter ()：返回三角形周长
    getArea ()：返回三角形面积
```

图 1.6　类 Triangle 图示

1.2.3　方法/操作

对象内部所包含的属性，仅仅只是对象的一部分，同时对象还需要提供一些对这些属性进行操作的方法。方法是操作的实现，用来实现对象的行为。对象的方法可以用来改变对象的属性，或者用来接收来自其他对象的信息以及向其他对象发送消息，因而这些方法通常作为类的一部分进行定义。

通常，更多关注的是一个对象能够提供的方法。例如，一个二维"点"Point 对象提供了访问其二维坐标的方法。对于使用 Point 对象的 Triangle 对象而言，关心的是 Point 对象提供了哪些方法，然后调用相应的方法实现计算三角形周长（getPerimeter）和计算三角形面积（getArea）的功能。更一般地来说，当使用面向对象的思想编程时，只关心一个对象提供了哪些方法，如果知道了一个对象提供的具体方法，就可以调用该对象的一些方法完成功能，以满足应用需求。所以，方法是一个对象允许其他对象与之交互的方式。

最后需要指出的是，对象方法是建立在对象属性之上的操作的实现。方法有多种类型，它包括给属性赋值的方法、获取属性值的方法，以及以某种方式处理属性并返回一个计算结果的方法等。在一些描述面向对象开发技术的著作中，也将方法（Method）称为行为（Behavior）、操作（Operation）、服务（Service）、函数（Function）等[2]。但是在面向对象的统一建模语言的一些著作中，通常行为、操作和方法是有区别的。行为是外界可见的对象活动，它包括对象如何通过改变内部状态，或向其他对象返回状态信息来响应消息[1]。操作是类的特征，用来定义如何激活对象的行为。服务和操作只是名称上的区别。

1.2.4　消息(Message)机制

为了能完成任务,对象需要与其他对象进行互操作。互操作可能发生在同一个类的不同对象之间,或是不同类的对象之间。通过发送消息给其他对象,实现对象之间的互操作(在 Java 中,这是通过方法调用来完成的)。例如,当一个用户按下鼠标键,选择了屏幕上对话框里的一个命令按钮时,一条消息就被发给了对话框对象,通知它命令按钮被按下了。

对象之间通过发送消息进行交互,以消息激活已公布的方法,来改变对象的状态或请求该对象完成一个动作。在对象的操作中,当一个消息发送给某个对象时,消息包含接收对象去执行某种操作的信息。发送一条消息至少要包括说明接收消息的对象名、发送给该对象的消息名(即对象名、方法名);一般还要对参数加以说明,参数可以是认识该消息的对象所知道的变量名,或者是所有对象都知道的全局变量名。例如,对象 pointOne,提供一个方法 getX( ),可以发送消息 pointOne. getX( )来获取对象 pointOne 的 x 坐标。

当从面向对象的角度来思考问题时,会说一个对象向另一个对象传递了一个消息。Java 程序中的消息,实际上是对类的一些方法的调用,方法通过返回值来响应消息。虽然可以说是在调用类的方法,但最好是从消息传递的角度来思考,表达成 A 类传递了一个消息给 B 类。从具体的程序设计角度来讲,发送消息是通过调用某个类的方法实现的;收到消息是通过其他对象调用本对象的类的方法实现的。

1.3　面向对象程序的特点

面向对象程序的主要特点是封装性(Encapsulation)、继承性(Inherit)和多态性(Polymorphism)。本书在后续内容中将结合 Java 编程语言对面向对象程序的这三个特点进行分析。

1.3.1　封装性

在结构化程序设计中,例如 C 程序设计,函数能够不受限制地访问全局性数据,如图 1.7 所示。这样会导致函数和数据之间缺乏联系,大量的函数对全局变量的访问,导致程序结构不清晰,难以维护和修改。如果在程序投入使用后需要修改数据结构,通常会在整个应用中引起显著的连锁效应,例如,Y2k 危机,即千禧危机或千年问题。20 世纪 60 年代,由于计算机内存非常宝贵,所以编程人员一直使用月月/日日/年年或日日/月月/年年的方式存储和显示年份,对于公元 2000 年的 1 月 1 日,系统无法识别 00/01/01 是代表 1900 年的 1 月 1 日,还是 2000 年的 1 月 1 日,所有的软件都可能因为日期的混淆而产生资料流失、程序紊乱等问题,如此造成的损失无法估计。

面向对象程序设计将属性及对属性操作的方法封装在一起,形成一个相互依存、不可分离的整体——对象。对系统的其他部分来说,属性和操作的内部实现被隐藏起来了,这就是面向对象的封装性。

对象是支持封装的手段,是封装的基本单位。面向对象的思想始于封装这个基本概念,即现实世界可以被描绘成一系列完全自治、封装的对象,这些对象通过一个受保护的公共方法访问其他对象。

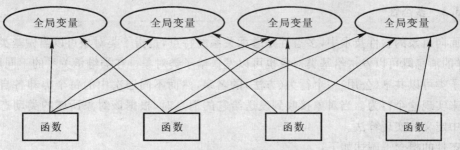

图 1.7　结构化程序设计

Java 语言(以下简称 Java)的封装性较强,因为 Java 没有游离于类之外的全程变量和全局函数。在 Java 中,绝大部分成员是对象,只有简单的数字类型、字符类型和布尔类型除外。而对于这些简单的基本数据类型,Java 也提供了相应的对象类型以便与其他对象交互操作。

在面向对象的思想中,每个类越独立越好。每个类都尽量不要对它的任何内部属性提供直接的访问。例如,在 Java 程序设计中,一般将属性的访问权限设为私有的,即只有对象内部的方法可以访问该对象的私有属性。类应该向外界提供能实现其职责的最少数目的方法,而且,向外界提供的公共方法应该尽量少地受到类内部设计变化的影响,即将所有类的封装最大化。

所以,封装保证了对象内部的数据信息细节被隐藏起来,对象以外的部分不能随意访问和修改对象的内部数据(属性),每个对象的状态只能通过定义良好的公共方法才能改变,从而有效地避免了外部错误对它的影响,不会产生连锁反应,使软件错误能够局部化,大大减少了查错和排错的难度。

1.3.2　继承性

继承性是面向对象的特征之二,它是基于现实生活中的语义进行说明的,表现了“是一个”(is_a)的关系。如果两个类有继承关系,一个类就自动继承另一个类的所有数据和操作。被继承的类称为基类、父类或超类,继承了父类或超类的所有数据和操作的类称为子类。

在面向对象的技术中,继承是子类自动地共享基类(或父类)中定义的数据和方法的机制。继承性使得用户在开发新的应用系统时不必完全从零开始,可以继承原有的相似系统的功能,或者从类库中选取需要的类,再派生出新的类以实现所需要的功能;继承性还使得相似的对象可以共享程序代码和数据结构,从而大大减少了程序中的冗余信息,并支持程序的重用和保持

接口的一致性。采用继承的方式来组织设计系统中的类,具有如下特点:

(1)一类对象拥有另外一类对象的所有属性与方法。

(2)便于代码的重用。

(3)使得程序结构清晰,降低编码和软件维护的工作量。

(4)使得开发人员能够集中精力于他们要解决的问题。

1.3.3　多态性

在面向对象的软件技术中,多态性是继承关系的特点,是指子类对象可以当做基类对象使用,同样的消息既可以发送给基类对象也可以发送给子类对象。在类继承关系的不同层次中,基类和子类可以共享(公用)一个行为(方法)的名字,然而不同层次中的每个类却各自按自己的需要来实现这个行为。当对象接收到发送给它的消息时,根据该对象所属的类动态地选用在该类中定义的实现算法。

多态性的概念[1]阐述如下:

多态性使得对任何对象自动调用其恰当的方法成为可能。多态现象总是和继承以及从通用基类得到子类一起发生。它是通过将对象与恰当的方法进行动态绑定来实现的。

面向对象的多态性有以下优势:

(1)使程序员所写的大部分程序代码都只操作基类的变量,不需要知道和子类对象类型息息相关的信息,只要处理整个族系的共同表达方式即可。

(2)可以使程序员轻易扩增新类,而大部分程序代码都不会被影响,并且使所撰写的程序便于阅读和维护。

(3)具备多态性质的程序,不仅能够在原本的项目开发过程中逐渐成长,也能较容易地增加新功能以扩充项目规模。

第 2 章 UML 类图及其设计

面向对象是一种思维方式,需要用一种语言表达和交流。UML(Unified Modeling Language,统一建模语言)就是表达面向对象需求分析、设计的首选标准建模语言。UML 是对面向对象开发系统的产品进行说明、可视化和编制文档的手段,它是软件界第一个统一的标准建模语言。要在团队中开展面向对象软件的设计和开发,掌握 UML 语言进行可视化建模是必不可少的。

自 1997 年 OMG 采纳 UML 作为基于面向对象技术的标准建模语言以来,经过多年的发展,UML 已发展到 UML 2.0 版本[3]。

UML 提供了不同视图描述系统的静态结构和动态行为。类图主要用在面向对象软件开发的分析和设计阶段,是面向对象系统的建模中最常见的图,用来描述系统的静态设计视图。它也是构建其他动态设计视图(如状态图、序列图和协作图等)的基础。本书主要讲解 UML 类图的语法和从需求规格说明构建 UML 类图的指导性经验及案例分析,然后围绕 UML 类图的编程实现,阐述 Java 的面向对象编程机制。

2.1 UML 类图

类图主要用在面向对象软件开发的分析和设计阶段,描述系统的静态结构。类图图示了所构建系统的所有实体、实体的内部结构以及实体之间的关系,即类图中包含从用户的客观世界模型中抽象出来的类、类的内部结构和类与类之间的关系。它是构建其他模型图的基础,没有类图,就没有状态图、协作图等其他 UML 模型图,也就无法表示系统的动态行为。

2.1.1 类

在类图中,类用长方形表示。长方形分成上、中、下三个区域,上面的区域内表示类的名字,类名字的第一个字母一般大写,中间区域内表示类的属性列表,最下面的区域表示类的操作列表,如图 2.1 所示。

在类的属性列表中,每个属性信息占据一行,其格式如下:

$$访问权限控制\ 属性名:属性类型$$

例如,如图 2.2 所示的类 CatalogItem 中的属性 code 的格式为

$$-code:String$$

在类的操作列表中,每个操作的信息也单独占据一行,其格式如下:

访问权限控制　操作名(参数列表);返回值的类型

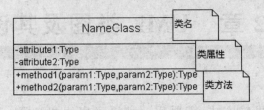

图 2.1　类的表示

例如,如图 2.2 所示的类 CatalogItem 中的操作 getCode 的格式为

$$+getCode()：String$$

其中,操作的参数列表中每个参数的格式如下:

参数名 1:参数类型,参数名 2:参数类型,…

例如,setAvailable(value:boolean)。

CatalogItem

-code:String

-title:String

-year:int

-availability:boolean

+getCode():String

+getTitle():String

+getYear():int

+isAvailable():boolean

+setAvailable(value:boolean)

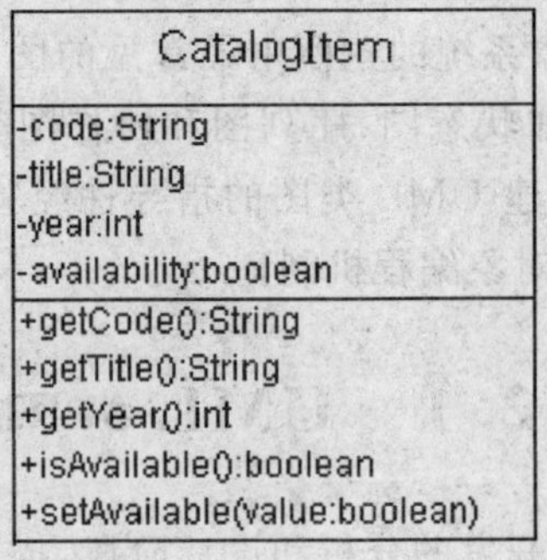

图 2.2　类 CatalogItem 的表示

类属性和操作的访问权限控制的可见性表示及含义见表 2.1。

表 2.1　类属性和操作的访问权限控制的可见性表示

符　号	含　义
＋	public
♯	protected
－	private
～	package　即　friendly

2.1.2　类之间的关系

类之间的关系是系统设计的关键,面向对象中定义的类之间的关系包括依赖关系、关联关系、聚合关系、组合关系和继承关系。其中关联关系和继承关系是最重要的和最常用的关系，一般设计的类图都要体现类之间的关联关系和继承关系。

1.依赖关系

依赖关系是类与类之间最弱的关系，是指一个类（依赖类）使用或知道另外一个类（目标类）。它是一个典型的瞬时关系，依赖类和目标类进行简单的交互，但是，依赖类并不维护目标类的对象，仅仅是临时使用而已。例如，对于窗体类 Window，当它关闭时会发送一个类 WindowClosingEvent 对象，就说窗体类 Window 使用类 WindowClosingEvent，它们之间的依赖关系如图 2.3 所示。

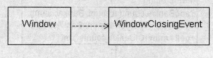

图 2.3　依赖关系图示

2.关联关系

关联关系是一种比依赖关系更强的关系，是指一个类拥有另一个类的引用，表示类之间的一种持续一段时间的合作关系，当用面向对象的语言编程实现时，关联关系往往表现为类的属性。例如，窗体类 Window 和鼠标光标类 Cursor 是关联关系，类 Window 维护一个当前类 Cursor 的一个引用，它的操作可以通过该引用改变鼠标光标的形状。

类之间的关联关系是有方向性的。下面讨论常用的类之间的双向关联关系和单向关联关系。

(1)单向关联关系。类 A 与类 B 是单向关联关系，是指类 A 包含类 B 对象的引用（即指向类 B 对象的变量），但是类 B 并不包含类 A 对象的引用。在类图中通过带箭头的单向矢量线来表示，箭头的方向指向类 B。

例如，客户拥有银行账户，银行账户并不拥有客户的信息，那么客户和账户就是单向关联关系。如图 2.4 所示，类 Client 和类 BankAccount 是单向关联关系，类 Client 包含类 BankAccount 对象的引用。

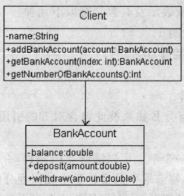

图 2.4　单向关联关系 I

类 Client 包含类 BankAccount 对象的引用,并没有表明包含的引用个数,当用类图编程实现时,需要明确类 Client 包含类 BankAccount 引用的数量。所以,在类图中,还应该进一步表示出类之间关联引用的数量,即和类 B 的一个对象关联的类 A 对象的数量,同时在关联数量的旁边,需要写出关联的引用,如图 2.5 所示,它表示和类 Client 的一个实例关联的类 BankAccount 对象的数量是 1 个,关联的引用(或称为关联的属性,因为它将作为类 Client 的一个属性)为 account(即指向 BankAccount 对象的变量)。

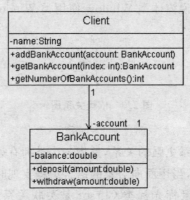

图 2.5　单向关联关系 Ⅱ

当编程实现时,关联的引用通常转化为类的私有属性。例如,针对图 2.5 所示的类图,当用 Java 语言编程实现时,引用 account 将作为类 Client 的私有属性。即有

```
class Client {
    private BankAccount account;
    ...
}
```

即类 Client 包含类 BankAccount 的一个引用,引用名为 account,其数据类型是 BankAccount 类型的。

类与类之间常用的关联数量表示及其含义有以下几种:

1)具体数字:比如上述表示的 1。

2)＊或 0..＊:表示 0 到任意多个。

3)0..1:表示 0 个或 1 个。

4)1..＊:表示 1 到任意多个。

(2)双向关联关系。类 A 与类 B 如果彼此包含对方的引用,则称类 A 与类 B 是双向关联关系。

例如,在一个需求描述中,一个学生可以选修 6 门课程,一门课程可以被任意多个学生选修。在面向对象的软件建模中,将需求中的实体学生和课程分别建模为类,并通过类图表明学生和课程这两个类之间有双向关联关系,它们彼此包含对方的引用。在类图中,用一条直线连

接两个类,表示它们之间的双向关联关系,并在类图中表示出学生类和课程类关联的数量及关联的引用(students 和 coures),如图 2.6 所示。该图表示和类 Course 的一个实例关联的类 Student 对象的数量为 0 到任意多个,即用"*"表示;和类 Student 的一个实例关联的类 Course 对象的数量为 6 个。

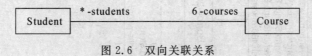

图 2.6　双向关联关系

关联关系是类与类之间最常见的一种关系,例如,在图 2.7 所示的图书馆系统的类图中,类 Borrower(借阅者)与类 BorrowedItems(借阅者列表)之间是一对一的关联关系。类 BorrowerDatabase(借阅者数据库)与类 Borrower(借阅者)、类 BorrowedItems(借阅者列表)与类 CatalogItem(目录项)以及类 Catalog(目录)与类 CatalogItem(目录项)之间的关系是一对多的关联关系。

关联的引用一般作为类的私有属性实现,例如,对于图 2.7 中所示的一对一的关联关系,关联的引用 borrowedItems 作为类 Borrower 的私有属性,其数据类型是类 BorrowedItems。而对于一对多的关联关系,关联的引用(borrowers)都是集合类型的,它也是作为其中一个类的私有属性(例如 borrowers 作为类 BorrowerDatabase 的私有属性),集合中元素的数据类型是被关联的类(例如 borrowers 中元素的数据类型是 Borrower)。

在类图中,关联关系的绘制应该注意以下几个问题:

1)关联的方向性。

2)关联的数量。

3)关联的引用。

一般来说,关联的数量为 1 个,引用命名为单数;关联的数量为多个,引用命名为复数。

3. 聚合关系

聚合关系是一种特殊形式的关联关系,代表两个类之间的整体和部分的关系。整体在概念上处于比部分更高的一个级别,而关联暗示两个类在概念上位于相同的级别。例如,如图 2.8 所示为整体类 Car 和部分类 Wheel 的聚合关系。当用面向对象的语言编程实现时,整体类 Car 包含一个部分类 Wheel 类型的属性变量,这类似于关联的引用。另外,部分类对象可以独立于整体类对象而存在,例如,一辆汽车被组装之前,轮胎可以提前数周制造并存于仓库。

关联关系和聚合关系的区别纯粹是概念上的,而且严格反映在面向对象设计的语义上,聚合关系暗示着类图中不存在回路(即不存在自包含的类,自包含的类结构详见 2.2.2 节),只能是一种单向关系。

在进行面向对象设计中,如果两个类之间的整体和部分关系语义不明显,就将它们之间的关系建模为关联关系即可。

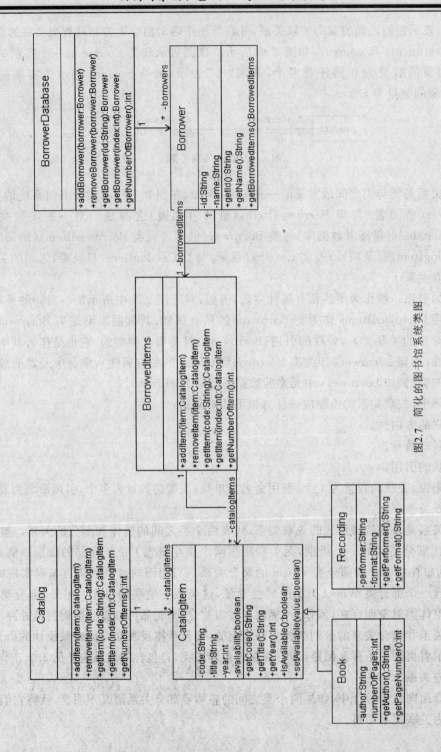

图2.7 简化的图书馆系统类图

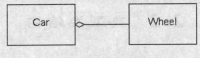

图 2.8　聚合关系图示

4. 组合关系

组合关系用于表示强的整体和部分的关系,在任何时间内,部分只能包含在一个整体中。两者的生存周期总是相连的,部分的生存周期依赖于整体的生存周期,如果整体被销毁了,部分也就不存在了。例如,账户 BankAccount 和交易 Transaction 被建模为两个类,那么账户 BankAccount 对象存在之前,存钱交易和取钱交易都不可能发生,即类 Transaction 对象的创建依赖于类 BankAccount 对象,如果 BankAccount 对象被销毁,Transaction 对象也自动销毁。如图 2.9 所示体现了 BankAccount 和 Transaction 的组合关系。

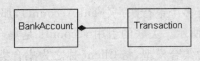

图 2.9　组合关系

5. 继承关系

继承是面向对象设计中很重要的一个概念,表现了"is_a"的关系。由于现实世界中很多实体都有继承的含义,因此在软件建模中,将含有继承含义的两个实体建模为有继承关系的两个类。

在 UML 类图中,为了建模类之间的继承关系,从子类画一条实线引向基类,在线的末端,画一个带空心的三角形指向基类。例如,若把学生(Student)看成一个实体,那么小学生(Elementary)、中学生(Middle)和大学生(University)等都具有学生的特性,然而,它们又有自己的特性,因此,它们都可以看成子实体,学生是它们的"父亲",而这些子实体则是学生的"孩子"。在面向对象的设计中,可以创建如下四个类:Student,Elementary,Middle,University,其中 Elementary,Middle 和 University 分别继承 Student,如图 2.10 所示。

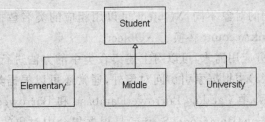

图 2.10　继承关系

2.2 典型类结构

通常,类与类之间的关系要依据具体的软件需求而定,然而有一些类结构是在许多设计中经常被用到的,例如,集合(Collections)模型、自包含类(Self-Containing Classes)和关系环(Relationship Loops)模型等。这些常用的类结构被认为是基本的构建块,用以构建复杂的应用系统。本节结合案例对常用类结构进行分析讲解,以期让读者积累更多面向对象建模的经验。

2.2.1 集合(Collections)模型

一个集合模型代表类与类之间一对多的关联关系,它是最常使用的类之间的关系之一。例如,在一个应用系统中,客户(Client)和银行账户(BankAccount)分别建模为一个类,如果在需求描述中,一个客户可以拥有多个银行账户(BankAccount),那么这两个类之间的关系就是一对多的关联关系,如图 2.11 所示。关联的引用 accounts 是集合类型的,它作为类 Client 的私有属性,这种类结构就称之为集合模型,将 Client 称之为集合类。在集合模型中,集合类(例如 Client)通过一个集合类型的变量(例如 accounts)管理和维护了另一个类的许多对象。在Java 语言中,accounts 通常声明为 Vector<E>,List<E> 等类型,以管理和维护另一个类对象的集合。

通常,在设计类图中,集合类应提供以下常用公开接口,以对集合中的对象进行操作。

(1)将对象添加进集合中:

addXObject(newObject:XObject):void

(2)将某一对象从集合中删除:

removeXObject (xObjecte:XObject):void

(3)访问集合中某一对象:

getXObject (index:int):XObject

(4)获取集合中对象的总数:

getXNumberOfXObject ():int

根据具体集合类维护的对象不同,XObject 可以用相应的类名替换,如图 2.11 所示的集合类 Client,可分别用 BankAccount 替换了 XObject。

当然,根据具体的业务应用需求,可以对上述集合类中的方法进行增加和修改,例如访问集合中的某个对象,除了(3)中根据索引访问对象外,通常还可以根据集合中对象的唯一键值进行访问。如图 2.7 所示,类 Catalog,BorrowerDatabase 和 BorrowedItems 都是集合类,其中,集合类 Catalog 的方法 getItem(code:String)是根据集合中对象的唯一键值进行访问的,即根据目录项(CatalogItem)唯一的条形码(code)对集合 catalogItems 中的元素(即CatalogItem 对象)进行访问的。BorrowerDatabase 和 BorrowedItems 两个集合类与之类似。

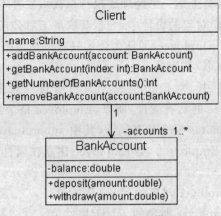

图 2.11　常用的集合模型

2.2.2　自包含(Self-Containing)类

自包含关系是指一个类和自身有关联关系,也就是说,在这样的类中有一个该类本身类型的私有属性。例如,一个人(Person)有父亲(Father)和母亲(Mother),同时父亲和母亲也是人,父亲和母亲自己也有各自的父亲和母亲。这种关系可以用如图 2.12 所示的结构表示。

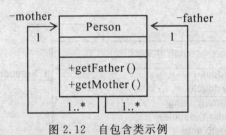

图 2.12　自包含类示例

自包含类的应用范畴十分广泛,例如,对于某公司的员工贡献价值查询系统的应用需求,可以用自包含关系的类对其进行建模。

在一个公司中,有基层员工、各部门的经理以及执行总裁等。一个经理可以管理多个基层员工和其下属部门的经理,同时一个经理也是一个员工,会被更高层的经理和执行总裁管理。公司的每个员工都有薪水,可以通过员工贡献价值查询系统随时查询员工对公司的贡献价值。员工对公司的贡献价值是他的薪水和他所管理的所有下属员工的薪水总和。即:

(1)基层员工对公司的贡献仅包含他的薪水;

(2)部门经理和执行总裁对公司的贡献是他的薪水和他所管理的所有下属员工的薪水总和。

在上述需求描述中,由于基层员工、经理和执行总裁都属于员工,同时,每个员工可以管理一个或更多个其他员工(即该员工是一个经理或执行总裁),或者不管理任何员工(即该员工是一个基层员工)。因此,在面向对象的设计中,为了获取员工对公司的贡献价值,可以设计如图2.13 所示的自包含关系的类 Employee,即认为公司只有一种类型的员工(Employee),一个员工可以管理任意多个(包括 0 个)其他员工。

在如图 2.13 所示的类图中,类 Employee 与其自身是一对多的关联关系,关联的属性 subordinates 作为类 Employee 的私有属性,所以,Employee 是个集合类。这样,Employee 就拥有 name,salary 和 subordinates 三个私有属性,其中 subordinates 的数据类型是集合类型,其集合中元素的数据类型是 Employee。类 Employee 建立在属性之上,提供的操作及其功能实现的描述如下:

(1)getName():返回 Employee 对象的 name 属性值。

(2)getSalary():返回 Employee 对象的 salary 属性值。

(3)addEmployee(),removeEmployee(),getEmployee(),getNumberOfEmployee()是集合类 Employee 提供的对集合 subordinates 中元素的操作(含义详见 2.2.1 节对集合类公共接口的描述),它们都是通过操作其私有属性 subordinates 实现的。

(4)getCost():可以通过 getEmployee() 和 getNumberOfEmployee() 逐个访问集合 subordinates 中的元素,获取当前员工管理的各下属员工(即 Employee 对象),并将各下属员工的薪水进行累加,以计算当前员工的贡献价值并返回。

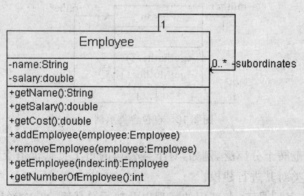

图 2.13　自包含员工类

2.2.3　关系环(Relationship Loops)模型

以 2.2.2 节中的员工贡献价值查询系统为例,每个经理(包含执行总裁)除了有自身的姓名(name)和薪水(salary)信息之外,还具有许多其他信息(extraInformation);雇员的信息不变。现在由于 Manager 具备比基层员工更多的高级信息,因此 Manager 就不能再被看做一个 Employee。新需求的贡献价值查询系统可以设计为如图 2.14 所示的类图。

在这种设计方案中,类 Manager 和类 Employee 有两层关系:

1)关联关系:类 Manager 和类 Employee 是一对多的关联关系,即 Manager 维护一个集合 subordinates,集合中元素的数据类型是 Employee。

2)继承关系:类 Manager 继承类 Employee,因此 Manager 实例可以看做 Employee 的实例来使用,即类 Manager 的实例也可以存入 subordinates 集合中。

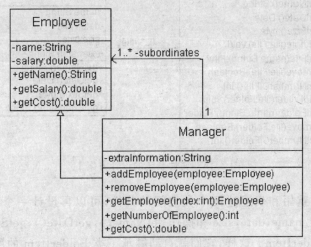

图 2.14 新需求的设计方案

如图 2.14 所示的设计方案就是一种关系环模型,由于 Manager 的实例可以存入 subordinates,因此类 Manager 通过类 Employee 和自身关联,因而类 Manager 也是自包含的,这里的自包含涉及了两个类,将这种设计方案称为关系环。

对于 Employee 类型的实例,其对公司的贡献即是其薪水;对于 Manager 类型的实例,其对公司的贡献是通过遍历其维护的集合 subordinates,获取当前员工管理的各下属员工(即集合 subordinates 的元素)的薪水进行计算的。

为了熟悉常用的关系环模型,下面给出文件系统的需求,来进一步分析关系环模型的案例,同时也有助于对继承关系的进一步认识。

一个文件系统有文件夹,文件夹可以包含文件(File)或/和更多的文件夹(Folder),每个文件或文件夹都有名字、创建日期和大小;另外,每个文件都有扩展名。在该文件系统中,用户可以实现访问或打印文件和文件夹的相关信息。

根据需求规格说明,可以设计两个类:File 和 Folder,这两个类之间的关系如图 2.15 所示。

在图 2.15 所示的设计方案中,两个类 Folder 和 File 之间存在相同的属性 name,date,size 和操作 getName( ),getDate( ),getSize( ),并且 Folder 类包含 folders 和 files 两个集合,因此,它提供了这两个集合常用的八个操作,这必将导致 Folder 类的代码量急剧膨胀。

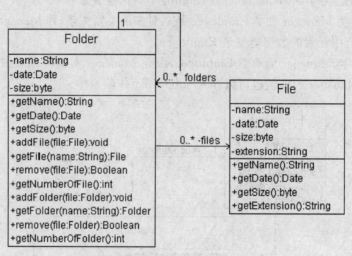

图 2.15　文件系统的设计方案 I

　　为了便于代码的重用和表述这两个类之间的共性,可以再设计一个存放通用代码的类 FolderItem(拥有属性 name,date,size 和操作 getName(),getDate(),getSize()),让类 File 和类 Folder 继承类 FolderItem。这样,它们就自动继承了类 FolderItem 的所有属性和操作,而且,Folder 类仅须维护一个集合,集合中元素的类型为 FolderItem,无论是 Folder 实例还是 File 实例都可以存入该集合。该文件系统的新的设计方案如图 2.16 所示,由于 Folder 类通过其基类 FolderItem 和自身关联,该设计方案也被称做关系环模型。

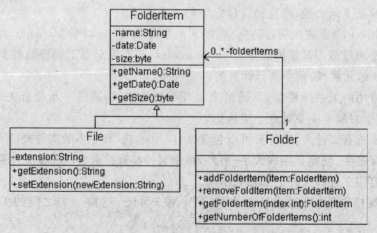

图 2.16　文件系统的设计方案 II

　　在面向对象的设计中,如果发现类 B 和类 C 存在同样的代码,可以设计一个类 A,用于存放通用的代码,使得类 B 和类 C 继承类 A,通过继承,类 B 和类 C 可以重用类 A 的代码。

采用继承的方式来组织设计系统中的类,可以提高程序的抽象程度,更接近人的思维方式,使程序结构更清晰,并降低编码和维护的工作量。

2.3　类图的设计

通过对用户需求的分析,在面向对象软件开发的分析和设计阶段,建立类图描述软件系统的对象类型以及它们之间的关系,为下一步软件的编码实现提供足够的信息。同时,类图的设计也是面向对象分析和设计阶段的第一个最关键的步骤,系统动态行为的建模都以此为基础。另外,开发人员通过类图,也可以查看编码的详细信息,即软件系统的实现由哪些类构成,每个类有哪些属性和方法,以及类之间的源码依赖关系。

2.3.1　类图设计的方法

面向对象设计(Object-oriented Design)是指为一个系统设计一个类图(即对象模型),它要求系统中的相关事物对应一个类,或者某个类的属性;相关事件对应某个类的操作,指明该类的对象可以执行的动作。

系统类图模型的设计信息来源于针对用户的需求所撰写的需求描述。基于需求规格说明类图设计的一般步骤如下:

(1)定义类;

(2)识别类间的关系,如关联关系、继承关系等。

(3)识别类的属性。

(4)识别类所具有的操作。

(5)使用 UML 建模工具为系统绘制相应的类图。

2.3.2～2.3.8 节通过对公司雇员管理系统的案例分析,详细阐述从需求规格说明设计类图的方法和步骤,为面向对象设计的初学者提供一个入门和经验积累的过程。

2.3.2　公司雇员管理系统需求描述

公司雇员管理系统主要用于管理公司雇员的信息。雇员的基本信息包括身份证号、姓名、出生日期和电话,每个雇员的身份证号是唯一的。公司雇员分为普通雇员和工时雇员,普通雇员包括佣金雇员和非佣金雇员。

(1)工时雇员有固定的小时薪水(即每小时支付的费用),其薪水在每周五按照其每周的工作记录进行计算,每个工作记录包括一个工作日期和工作的小时数,如果在某工作日期,其工作时间超过 8 个小时,超过的每小时按照小时薪水的 1.5 倍来计算。系统需要保存工时雇员每周的所有工作记录。

(2)非佣金雇员每月的薪水仅包含固定的月薪,其薪水在每月的最后一个工作日期进行计算,系统需要记录非佣金雇员固定的月薪和每月的工作记录,每个工作记录包括一个工作日期和工作的小时数。

（3）佣金雇员每月的薪水除了包含固定的月薪之外，还包含按照其每月的销售额获得的佣金。其佣金计算方式为：销售额超过 10 万元的部分，提取超额部分的 10% 作为其佣金；超过 20 万元的部分，提取超额部分的 15% 作为佣金。对于每个佣金雇员，系统需要保存其固定的月薪、每月的工作记录（每个工作记录包括一个工作日期和工作的小时数）以及每月的销售记录，销售记录中的每一销售项包括已销售的产品名称、单价、数量及其销售日期。

在该应用系统中，用户可以：

（1）显示雇员的基本信息。

（2）根据指定的日期，显示雇员的周工作记录或月工作记录。

（3）根据指定的日期，显示雇员周或月的薪水信息。

（4）根据指定的日期，显示佣金雇员某个月的销售记录。

2.3.3 类的定义

作为对象模型设计过程中的第一步，类的识别工作尤为重要。该过程是将现实世界问题域中的实体或抽象概念用软件对象的方法进行描述的过程，即从需求规格说明中提取软件系统应用到的所有类。

类的识别通常使用列举名词并逐步筛选的方法得到初步结果。以公司雇员管理系统需求描述为例，类的识别步骤如下：

步骤 1：标出需求规格说明中出现的所有名词。

该步骤将确定系统中可能涉及的所有候选类，作为类的识别过程的基础，在后续步骤中将会对候选类作进一步筛选。

例如，对公司雇员管理系统的需求描述，依次标出以下名词（用黑体表示的部分）：

公司雇员管理系统主要用于管理公司雇员的信息。**雇员**的基本信息包括**身份证号**、**姓名**、**出生日期**和**电话**，每个雇员的身份证号是唯一的；公司雇员分为**普通雇员**和**工时雇员**，普通雇员包括**佣金雇员**和**非佣金雇员**。

（1）工时雇员有固定的**小时薪水**（即每小时支付的**费用**），其薪水在**每周五**按照其**每周**的**工作记录**进行计算，每个工作记录包括一个**工作日期**和工作的**小时数**，如果在某工作日期，其工**作时间**超过 8 个**小时**，超过的每小时按照小时薪水的 1.5 倍来计算。**系统**需要保存工时雇员每周的所有工作记录。

（2）非佣金雇员每月的**薪水**仅包含**固定的月薪**，其薪水在**每月**的最后一个工作日期进行计算，系统需要记录非佣金雇员固定的月薪和每月的工作记录，每个工作记录包括一个工作日期和工作的小时数。

（3）佣金雇员每月的**薪水**除了包含固定的**月薪**之外，还包含按照其**每月**的**销售**额获得的**佣金**。其佣金计算方式为：销售额超过 10 万元的部分，提取**超额部分**的 10% 作为其佣金；超过 20 万元的部分，提取超额部分的 15% 作为佣金。对于每个佣金雇员，系统需要保存其固定的月薪、每月的**工作记录**(每个工作记录包括一个工作日期和工作的小时数)以及每月的**销售记录**,销售记录中的每一**销售项**包括已售的**产品名称**、**单价**、**数量**及其**销售日期**。

将该步骤标记的名词罗列在 Excel 表格中,如表 2.2 所示。

表 2.2   公司雇员管理系统名词列表

序 号	名 词	序 号	名 词
1	公司雇员管理系统	19	工作记录(工时雇员、非佣金雇员、佣金雇员)
2	公司雇员	20	工作日期(工时雇员、非佣金雇员、佣金雇员)
3	信息	21	工作的小时数
4	雇员	22	工作时间
5	基本信息	23	小时
6	身份证号	24	系统
7	姓名	25	固定的月薪(非佣金雇员、佣金雇员)
8	出生日期	26	每月(非佣金雇员、佣金雇员)
9	电话	27	销售额
10	普通雇员	28	佣金
11	工时雇员	29	超额部分
12	佣金雇员	30	销售记录
13	非佣金雇员	31	销售项
14	小时薪水(工时雇员)	32	产品名称
15	费用	33	单价
16	薪水(工时雇员、非佣金雇员、佣金雇员)	34	数量
17	每周五	35	销售日期
18	每周		

步骤 2:对步骤 1 标记出来的所有名词进行筛选。

筛选过程可以根据需求描述的内容将部分名词删除或更改,一般遵循以下原则。

(1)将同义词进行归类形成同义词词组。例如,根据公司雇员管理系统的描述,"雇员"和"公司雇员"是同义词,"公司雇员管理系统"和"系统"是同义词,"小时薪水"和"费用"是同义词,"工作的小时数"和"工作的时间"是同义词,将表 2.2 所示的名词列表进行同义词归类后,如表 2.3 所示。

表 2.3 公司雇员管理系统同义名词归类列表

序　号	名　　词	序　号	名　　词
1	公司雇员管理系统,系统	17	工作记录(工时雇员、非佣金雇员、佣金雇员)
2	公司雇员,雇员	18	工作日期(工时雇员、非佣金雇员、佣金雇员)
3	信息	19	工作的小时数,工作时间
4	基本信息	20	小时
5	身份证号	21	固定的月薪(非佣金雇员、佣金雇员)
6	姓名	22	每月(非佣金雇员、佣金雇员)
7	出生日期	23	销售额
8	电话	24	佣金
9	普通雇员	25	超额部分
10	工时雇员	26	销售记录
11	佣金雇员	27	销售项
12	非佣金雇员	28	产品名称
13	小时薪水(工时雇员),费用	29	单价
14	薪水(工时雇员、非佣金雇员、佣金雇员)	30	数量
15	每周五	31	销售日期
16	每周		

(2)删除指代某个特定对象的名词(如张三),用泛指某一类别事物的名词代替(根据不同的应用情景,可以将张三用客户、学生等泛指类别的名词替代)。

在公司雇员管理系统中,"每周五"是"工作日期"的特例,所以可以将表 2.3 中的名词"每周五"删除,保留"工作日期",如表 2.4 所示。

表 2.4 删除代表具体对象的名词的列表

序　号	名　　词	说　明
1	公司雇员管理系统,系统	
2	公司雇员,雇员	
3	信息	
4	基本信息	
5	身份证号	
6	姓名	
7	出生日期	
8	电话	
9	普通雇员	

续表

序 号	名 词	说 明
10	工时雇员	
11	佣金雇员	
12	非佣金雇员	
13	小时薪水（工时雇员），费用	
14	薪水（工时雇员、非佣金雇员、佣金雇员）	
15	每周五	是"工作日期"的特例
16	每周	
17	工作记录（工时雇员、非佣金雇员、佣金雇员）	
18	工作日期（工时雇员、非佣金雇员、佣金雇员）	
19	工作的小时数，工作时间	
20	小时	
21	固定的月薪（非佣金雇员、佣金雇员）	
22	每月（非佣金雇员、佣金雇员）	
23	销售额	
24	佣金	
25	超额部分	
26	销售记录	
27	销售项	
28	产品名称	
29	单价	
30	数量	
31	销售日期	

（3）删除仅仅作为某个类属性的名词，如果该名词虽然作为某个类的属性，但是它还拥有自己的属性，那么该名词就不予删除，即如果名词表达的实体或抽象概念具有自己的属性，将不予删除。

例如，在公司雇员管理系统中，"销售记录"作为"每月（对于佣金雇员而言）"的属性，其自身又拥有属性"销售项"，因此，要保留该名词。在公司雇员管理系统中，将删除以下仅作为类属性信息出现的名词。

1)"身份证号""姓名""出生日期"以及"电话"(仅作为"雇员"的属性信息)。

2)"小时薪水"(仅作为"工时雇员"的属性)。

3)"工作日期"和"工作的小时数"(仅作为"工作记录"的属性)。

4)"固定的月薪"(仅作为"非佣金雇员"和"佣金雇员"的属性)。

5)"销售额"(仅作为"销售记录"的属性)。

6)"产品名称""单价""数量"及"销售日期"(仅作为"销售项"的属性)。

(4)删除其值可以由其他属性值进行计算的名词。例如,在公司雇员管理系统中,将删除以下其值可以由其他属性值进行计算的名词,筛选原则(3)和(4)如表 2.5 所示。

1)工时雇员的"薪水"可以由"小时薪水"和每周的"工作记录"进行计算;非佣金雇员的"薪水"可以由"固定的月薪"进行计算;佣金雇员的"薪水"可以由"固定的月薪"和"销售记录"进行计算。

2)"销售额""佣金"和"超额部分"可以由"销售记录"进行计算。

表 2.5 删除仅作为类属性以及其值可以由其他属性值计算的名词

序 号	名 词	说 明
1	公司雇员管理系统,系统	
2	公司雇员,雇员	
3	信息	
4	基本信息	
5	身份证号	"雇员"的属性
6	姓名	"雇员"的属性
7	出生日期	"雇员"的属性
8	电话	
9	普通雇员	
10	工时雇员	
11	佣金雇员	
12	非佣金雇员	
13	小时薪水(工时雇员),费用	"工时雇员"的属性
14	薪水(工时雇员、非佣金雇员、佣金雇员)	根据小时薪水、固定的月薪水以及销售记录可以计算
15	每周	
16	工作记录(工时雇员、非佣金雇员、佣金雇员)	
17	工作日期(工时雇员、非佣金雇员、佣金雇员)	"工作记录"的属性

续表

序　号	名　词	说　明
18	工作的小时数,工作时间	"工作记录"的属性
19	小时	
20	固定的月薪(非佣金雇员、佣金雇员)	"非佣金雇员"和"佣金雇员"的属性
21	每月(非佣金雇员、佣金雇员)	
22	销售额	根据销售记录可以计算
23	佣金	根据销售记录可以计算
24	超额部分	根据销售记录可以计算
25	销售记录	
26	销售项	
27	产品名称	"销售项"的属性
28	单价	"销售项"的属性
29	数量	"销售项"的属性
30	销售日期	"销售项"的属性

(5)删除既不是需求问题域中的实体,也不是需求问题域中抽象概念的名词,或删除其意义描述不明确的名词。对于这类名词,即使把它作为候选类,也会发现在需求描述中,它没有任何明确的属性。例如,在公司雇员管理系统中,这类名词有"信息""基本信息"和"小时"。

(6)删除指代系统本身的名词。例如,在公司雇员管理系统中,"雇员管理系统"和"系统"指代系统本身。

经过上述筛选过程后剩下的名词就是为应用系统设计的核心类,如表 2.6 所示的最左边一列即是为公司雇员管理系统设计的核心类。

步骤 3:为类命名。

根据名词在需求描述中表达的含义为类命名,类的名字要符合命名规范,并且尽量自然易懂,同时不能有歧义。对于同义词组,要从所有的同义词中选择最合适的名词作为类名。

步骤 4:如果有必要,根据需求可在步骤 3 获得的类的基础上,适当增加与系统描述相关的类。

同时,将中文类名翻译为英文,这里要用英文单词的单数作为类的名字。按照以上步骤,公司雇员信息管理系统最终命名的类,如表 2.6 所示。

表 2.6　公司雇员管理系统类的列表

序　号	最终识别的类	类的简单含义	类的英文名
1	公司雇员,雇员	雇员	Employee
2	普通雇员	普通雇员	GeneralEmployee
3	工时雇员	工时雇员	HourlyEmployee
4	佣金雇员	佣金雇员	CommissionedEmployee
5	非佣金雇员	非佣金雇员	nonCommissionedEmployee
6	每周	周工作记录	WeekRecord
7	工作记录	日工作记录	DayRecord
8	每月(对于非佣金雇员而言)	非佣金雇员月记录	NCEMonthRecord
9	每月(对于佣金雇员而言)	佣金雇员月记录	CEMonthRecord
10	销售记录	销售记录	SaleRecord
11	销售项	销售项	SaleItem

2.3.4　类与类之间关系的识别

类与类之间存在多种关系,如继承关系和关联关系等。在为应用系统定义类之后,明确类与类之间的关系是搭建类图最重要的部分之一。类与类之间关系的识别是以需求描述为依据的,查看哪一句话或哪一段话同时出现了相关的类,并描述了它们之间的关系。为了使识别过程更加清晰,通常使用建立关系表格的方式来构建类与类之间的关系。其识别步骤如下:

步骤 1:建立一个行和列都以类命名的 N×N 二维表格,N 为系统中定义的类个数。

例如,对于公司雇员管理系统,建立的二维表格如表 2.7 所示。

步骤 2:识别类与类之间的继承关系。

对于 A 行 B 列的一个单元格,如果:

(1)类 A 的实例也是类 B 的实例,或者类 A 拥有类 B 的所有属性,则在 A 行 B 列的单元格标记"S",即类 A 相对于类 B 而言是特殊的类,其中 S 是 Specialization 的首字母。

(2)类 B 的实例也是类 A 的实例,或者类 B 拥有类 A 的所有属性,则在 A 行 B 列的单元格标记"G",即类 A 相对于类 B 而言是一般的类,其中 G 是 Generalization 的首字母。

例如,在公司雇员管理系统中,"工时雇员"和"普通雇员"都是雇员,"佣金雇员"和"非佣金雇员"都是普通雇员,"佣金雇员月记录"拥有"非佣金雇员月记录"的所有属性。这样,公司雇员管理系统类与类之间的继承关系在二维表格中的表示如表 2.8 所示。

表 2.7　类与类之间的关系表格

类＼类	雇员	普通雇员	工时雇员	佣金雇员	非佣金雇员	周工作记录	日工作记录	非佣金雇员月记录	佣金雇员月记录	销售记录	销售项
雇员											
普通雇员											
工时雇员											
佣金雇员											
非佣金雇员											
周工作记录											
日工作记录											
非佣金雇员月记录											
佣金雇员月记录											
销售记录											
销售项											

表 2.8 类与类之间的继承

类 \ 类	雇员	普通雇员	工时雇员	佣金雇员	非佣金雇员	周工作记录	日工作记录	非佣金雇员月记录	佣金雇员月记录	销售记录	销售项
雇员		G									
普通雇员	S		G								
工时雇员	S				G						
佣金雇员		S									
非佣金雇员		S									
周工作记录											
日工作记录											
非佣金雇员月记录											
佣金雇员月记录								S			
销售记录											
销售项											

步骤 3：识别类与类之间的关联关系。

对于 A 行 B 列的一个单元格，如果类 A 的实例可以包括一个或多个类 B 的实例，则在 A 行 B 列的单元格标记为关联的数量或引用。

在公司雇员管理系统中，为了实现查找工时雇员的周工作记录，系统需要保存工时雇员每周的所有工作记录，所以"工时雇员"和"周工作记录"之间是 1 对多的关联关系；同理，根据需求的描述，可以找到其他类之间的关联关系，需求描述与关联关系识别的对照表如表 2.9 所示。雇员管理系统类与类之间的关联和继承关系在二维表格中的表示如表 2.10 所示。

表 2.9　需求描述与关联关系的识别

序　号	需求描述	识别的类之间的关联关系
1	其薪水在每周五按照其每周的工作记录进行计算	"周工作记录"和"日工作记录"之间的 1 对 5 的关联关系
2	系统需要保存工时雇员每周的所有工作记录	"工作雇员"和"周工作记录"之间的 1 对多的关联关系
3	系统需要记录非佣金雇员的固定的月薪和每月的工作记录	"非佣金雇员"和"非佣金雇员月记录"之间的 1 对多的关联关系
		"非佣金雇员月记录"和"日工作记录"之间的 1 对 31 的关联关系
4	对于每个佣金雇员，系统需要保存其固定的薪水、每月的工作记录（每个工作记录包括一个工作日期和工作的小时数）、每月的销售记录。销售记录中的每一销售项包括已售的产品名称、单价、数量及其销售日期	"佣金雇员"和"佣金雇员月记录"之间的 1 对多的关联关系
		"佣金雇员月记录"和"销售记录"之间的 1 对 1 的关联关系
		"销售记录"和"销售项"之间的 1 对多的关联关系

步骤 4：进一步考虑类与类之间有无组合关系。本书建议聚合关系作为关联关系进行识别即可，在公司雇员管理系统中，没有组合关系出现。

步骤 5：对于没有上述关系的类与类对应的单元格填入字母"X"，完成关系表格的建立。

表 2.10　公司雇员管理系统类与类之间的关联和继承关系

类＼类	雇员	普通雇员	工时雇员	佣金雇员	非佣金雇员	周工作记录	日工作记录	非佣金雇员月记录	佣金雇员月记录	销售记录	销售项
雇员		G	G								
普通雇员	S			G	G						
工时雇员	S					*					
佣金雇员		S							*		
非佣金雇员		S						*			
周工作记录							5				
日工作记录											
非佣金雇员月记录							31				
佣金雇员月记录							31				
销售记录											*
销售项										1	

2.3.5　属性的定义

属性是指类可以维护的数据或者信息。如果说已定义的类和类之间关系的定义为软件系统搭建了一个完整的骨架,那么接下来的类属性和类操作的定义则是为系统添加血肉和灵魂的过程。

通常,属性的定义包含以下四个部分。

(1)在类定义过程中,已经将仅属于某种类属性的所有名词从候选类名中删除,该步骤将被删除的该类名词分别添加为类的属性,然后按照命名规范对其进行命名即可。因此,属性定义中的第一部分就是需要从被删除的名词之中挑选出合适的名词,并将其与前面定义的类关联起来。在公司雇员管理系统中,这类名词有身份证号、姓名、出生日期、电话、工时薪水、工作日期、工作的小时数、产品名称、单价、数量、销售日期。

(2)观察关系列表中所有具有继承关系的类,在基类和子类中归纳可以合并的属性,作为基类中的属性并且让子类继承该属性。在公司雇员管理系统中,这类名词有固定的月薪。

(3)关联属性的添加。如果在一个类 A 的实例中仅存在一个类 B 的实例,一般使用与 B 类名同名的符合命名规范的单数形式作为类 A 的私有属性;如果在一个类 A 的实例中存在许多类 B 的实例,则使用与 B 类名同名的符合命名规范的复数形式作为类 A 的私有属性。在公司雇员管理系统中,这类名词有周工作记录、佣金雇员月记录、非佣金雇员月记录、日工作记录、销售记录、销售项。

(4)根据详细的需求分析说明书,对系统中的类添加合适的、必要的属性。

公司雇员管理系统的类属性列表如表 2.11 所示。为了对比,分别列出了系统类、属性的英文表示,如表 2.12 所示。

表 2.11　雇员管理系统类属性列表(中文表示)

类	属　性	关联属性
雇员	身份证号,姓名,出生日期,电话	
普通雇员	固定的月薪	
工时雇员	工时薪水	周工作记录(＊)
佣金雇员		佣金雇员月记录(＊)
非佣金雇员		非佣金雇员月记录(＊)
周工作记录		日工作记录(5)
日工作记录	工作日期,工作的小时数	
非佣金雇员月记录		日工作记录(31)
佣金雇员月记录		销售记录(1),日工作记录(31)
销售记录		销售项(＊)
销售项	产品名称,单价,数量,销售日期	

表 2.12 公司雇员管理系统类属性列表(英文表示)

类	属 性	关联属性
Employee	id, name, birthday, mobileTel	
GeneralEmployee	fixMonthSalary	
HourlyEmployee	hourSalary	weekRecords
CommissionedEmployee		cEMonthRecords
nonCommissionedEmployee		nCEMonthRecords
WeekRecord		dayRecords
DayRecord	workDay, hourCount	
NCEMonthRecord		dayRecords
CEMonthRecord		saleRecord, dayRecords
SaleRecord		saleItems
SaleItem	productName, price, quantity, saleDay	

2.3.6 操作的定义

类作为一种复杂的数据类型应该提供操作,这是类作为一种数据类型存在的职责,系统要求实现的功能都在类的操作中得以体现。具体来说,一般按照以下步骤来定义操作。

步骤 1: 对于类的私有属性,添加访问(Accessor)和修改(Mutator)该私有属性的操作。

一般而言,对象将所有属性倾向于私有化,并且对外提供可以对属性进行访问和修改的操作以增强安全性。访问操作也称为 get 方法,用于获得类的属性值,通常使用 getVariableName 命名(VariableName 是访问的属性名);相反,修改操作则用于修改属性的值,也称为 set 方法,通常使用 setVariableName 命名(VariableName 是修改的属性名)。如果属性当创建对象时进行初始化,并且初始化不允许修改,则相应的 set 方法不予考虑。

步骤 2: 如果设计的类中存在集合类(详见 2.2.1 节集合模型的有关内容),则集合类应提供常用的操作(向集合中添加元素、从集合中获取某元素、删除集合中某指定元素和返回集合中元素个数等操作)以操作集合中的对象。

步骤 3: 观察关系列表中所有具有继承关系的类,在基类和子类中归纳所有动作中存在的共同特点。作为基类中的操作,如果子类的该操作需要体现子类所特有的功能,则在相应的子类中也添加该操作。

例如,在公司雇员管理系统中,普通雇员是基类,非佣金雇员和佣金雇员是其子类,由于非佣金雇员和佣金雇员都有属性"固定的月薪",因而"固定的月薪"作为普通雇员的属性,普通雇员应该提供访问月薪的操作 getMonthSalary。但是因为佣金雇员和非佣金雇员的月薪计算是不一样的,所以,非佣金雇员和佣金雇员都拥有各自访问月薪的操作 getMonthSalary。

步骤 4: 从需求描述(或者详细的需求分析文档)中找出与类相关的动词,或者为了实现需求描述中提到的功能而执行的必要动作,并且将其实现为合适的操作。

根据上述四个步骤,公司雇员管理系统定义的类操作如表 2.13 所示。

表 2.13　类操作列表

类	操　作
Employee	getId():String getName():String getBirthday():Date getMobile():String
GeneralEmployee	getFixMonthSalary():double getMonthSalary(workDay:Date):double
HourlyEmployee	getSalary():double getHourlySalary():double addWeekRecord(weekRecord:WeekRecord):void removeWeekRecord(weekRecord:WeekRecord):Boolean getWeekRecord(workDay:Date):WeekRecord getNumberOfWeekRecord():int
CommissionedEmployee	getmonthSalary(workDay:Date):double addCEMonthRecord(cEMonthRecords:CEMonthRecords):void removeCEMonthRecord(cEMonthRecords:CEMonthRecords):void getCEMonthRecord(workDay:Date):CEMonthRecord getNumberOfCEonthRecord():int
NonCommissionedEmployee	addNCEMonthRecord(nCEMonthRecords:NCEMonthRecords):void removeNCEMonthRecord(nCEMonthRecords:NCEMonthRecords):void getNCEMonthRecord(workDay:Date):NCEMonthRecord getNumberOfCEMonthRecord():int
WeekRecord	addDayRecord(dayRecord:DayRecord):void removeDayRecord(dayRecord:DayRecord):Boolean getDayRecord(workDay:Date):DayRecord getNumberOfDayRecord():int
DayRecord	getworkDay():Date getHourCount():int
NCEMonthRecord	addDayRecord(dayRecord:DayRecord):void removeDayRecord(dayRecord:DayRecord):Boolean getDayRecord(workDay:Date):DayRecord getNumberOfDayRecord():int

续 表

类	操 作
CEMonthRecord	getSaleRecord():SaleRecord addDayRecord(dayRecord:DayRecord):void removeDayRecord(dayRecord:DayRecord):Boolean getDayRecord(workDay:Date):DayRecord getNumberOfDayRecord():int
SaleRecord	addSaleItem(saleItem:SaleItem):void removeSaleItem(saleItem:SaleItem):boolean getSaleItem(productName:String):SaleItem getNumberOfSaleItem():int
SaleItem	getProductName():String getPrice():double getQuantity():double getSaleDay():Date

2.3.7　驱动类设计

经过对公司雇员管理系统的设计过程,已经设计了实现系统业务逻辑的类图,通常将上述过程获取的类称为核心类,如图 2.17 所示。

为应用系统搭建的核心类是否能实现用户需求,需要一种方法来测试,因此,可以进一步为软件提供相应的驱动类(或测试类)。例如,在公司雇员管理系统中,软件需要满足用户要求的如下功能。

(1)显示雇员的基本信息。

(2)根据指定的日期,显示雇员的周工作记录或月工作记录。

(3)根据指定的日期,显示雇员周或月的薪水信息。

(4)根据指定的日期,显示佣金雇员某个月的销售记录。

对于公司雇员管理系统而言,在如图 2.17 所示的核心类的基础上,可以进一步设计一个驱动类"雇员管理系统(EmployeeManagerSystem)",该驱动类维护一个雇员实例的集合,它提供如下操作。

displayEmployee(id:String):String(显示雇员的基本信息)。

displayWorkRecord(id:String,day:Date):String(根据指定的日期,显示雇员的周工作记录或月工作记录)。

displaySalary(id:String,day:Date):String(根据指定的日期,显示雇员周或月的薪水信息)。

displayMonSaleRecord(id,day:Date):String(根据指定的日期,显示佣金雇员某个月的销售记录)。

综上所述,公司雇员管理系统完整的设计方案如图 2.18 所示。

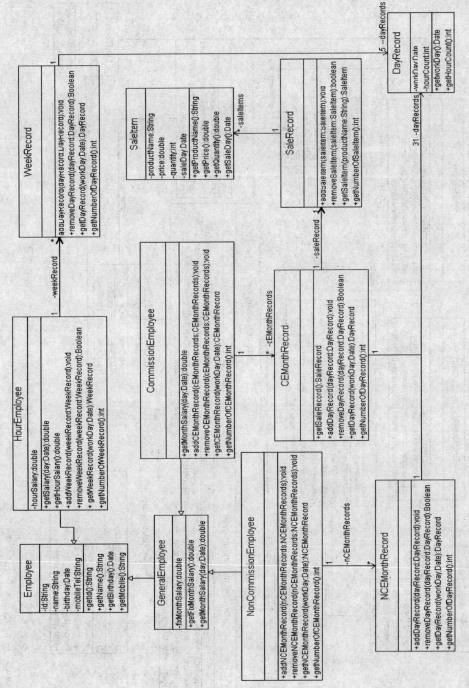

图2.17　公司雇员管理系统的核心类图

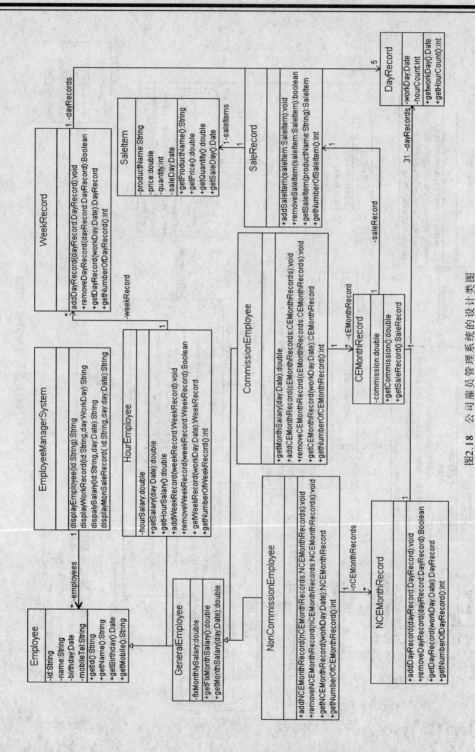

图2.18 公司雇员管理系统的设计类图

2.3.8　类图的绘制

设计了系统的 UML 模型后,可以采用 UML 建模工具对其进行绘制。目前,应用最广泛的 UML 建模工具是 IBM 的 Rational Rose,Microsoft Office Visio 2003 和 Enterprise Architect。当然,还有其他一些 UML 建模工具如 PowerDesigner,Eclipse UML 和 Violet 等。本书采用简单易用的 Violet 绘制了公司雇员管理系统的核心类图和带驱动类的类图(见图 2.17 和图 2.18)。

第3章 封装性的 Java 编程实现

Java 的封装性就是把对象的属性和对属性的操作结合成一个独立的单位,并尽可能隐蔽对象的内部细节,其包含两个含义。

(1)把对象的全部属性和对属性的操作结合在一起,形成一个不可分割的独立单位(即对象)。Java 是一种纯粹的面向对象程序设计语言,除了基本数据类型(如整型、浮点型等),Java 中的数据都以对象的形式存在,将属性和操作封装在对象中,它没有游离于类之外的属性和方法,以有效实现细节隐藏。

(2)信息隐蔽,即尽可能隐蔽对象的内部细节,对外形成一个边界,只保留有限的对外公开方法使之与外部发生联系,这一点通过类及其成员的访问权限实现。

3.1 Java 中的类与对象

从 Java 程序设计的角度看,类是 Java 面向对象程序设计中最基本的程序单元。当撰写 Java 程序时考虑的是类,当程序运行时,对象被创建并存在。

3.1.1 类

在 Java 中,一个类通过 class 关键字进行定义,它包括两个部分:类声明和类体。

1. 类声明

类声明即创建一个新的对象类型。

关键字 class 后跟新对象类型的名字,对象类型名后跟一对表示类体定义的花括号。例如,创建一个新的对象类型——类 Point2D,其程序代码为

```
/**
 * 二维点类
 * @author rj
 */
class Point2D {
    //类体
}
```

2. 类体

当定义一个类时,可以在类体内定义两种类型的成员:属性(或称域/状态/数据)和方法

（或称操作/函数/行为）。

（1）属性的定义。属性的格式包括属性的数据类型和属性的名字，Java 的属性数据类型分为两大类：基本数据类型和对象类型。因此，Java 的类属性数据类型要么是基本数据类型，要么是通过 class 关键字定义的对象类型。Java 的基本数据类型有 byte(8 位)、short(16 位)、int(32 位)、long(64 位)、float(8 位)、double(64 位)、char(16 位)和 Boolean(1 位)等八个。

例如，类 Point2D 和类 Triangle 的属性定义如示例 3.1 和 3.2 所示。类 Point2D 的属性 x 和 y 是基本数据类型。类 Triangle 的属性 pointOne，pointTwo 和 pointThree 是对象类型。

示例 3.1　类 Point2D 的属性定义。其程序代码为

```
/ * *
 * 二维点类
 * @author author
 * /
class Point2D {
        float x;    //点的 x 坐标
        float y;    //点的 y 坐标
}
```

示例 3.2　类 Triangle 的属性定义。其程序代码为

```
/ * *
 * 三角形类
 * @author author
 * /
class Triangle {
    Point2D   pointOne;//构成三角形的第一个点
    Point2D   pointTwo；//构成三角形的第二个点
    Point2D   pointThree;//构成三角形的第三个点
}
```

（2）方法的定义。方法定义的格式包括方法的名字（methodName）、方法的参数列表（argument list）、返回类型（returnType）和方法体（），其程序代码如下所示：

```
returnType methodName(argument list) {
    method body
}
```

参数列表可以为空，参数列表的格式如下：

参数类型 1 参数名 1，参数类型 2 参数名 2，…… 参数类型 n 参数名 n

参数类型和方法的返回类型有对象类型和基本数据类型。例如，类 Point2D 和类 Triangle 的方法定义如示例 3.3 和 3.4 所示。

示例 3.3 类 Point2D 方法的定义。

```
/ * *
 * 二维点类
 * @author machunyan
 * /
Class Point2D {
    float x;//点的 x 坐标
    float y;//点的 y 坐标
     / * *
     * 为点的 x 坐标重新赋值
     * @param newX 为属性 x 重新赋值
     * /
    float setX(float newX) {
        x = newX;
    }
    / * *
     * 为点的 y 坐标重新赋值
     * @param newY 为属性 y 重新赋值
     * /
    float setY(float newY) {
        y = newY;
    }
    / * *
     * 返回点的 x 坐标
     * /
    float getX() {
        return x;
    }
    / * *
     * 返回点的 y 坐标
     * /
    float getY() {
        return y;
    }
}
```

示例 3.4 类 Triangle 方法的定义。其程序代码如下：

```
/ * *
 * 三角形类
 * @author machunyan
 */
Class Triangle {
        Point2D    pointOne；//构成三角形的第一个点
        Point2D    pointTwo；//构成三角形的第二个点
        Point2D    pointThree；//构成三角形的第三个点
        / * *
         * 为构成三角形三个点重新赋值
         * @param setPointOne 为构成三角形的第一个点重新赋值
         * @param setPointTwo 为构成三角形的第二个点重新赋值
         * @param setPointThree 为构成三角形的第三个点重新赋值
         * /
         void  setPoint（Point2D  setPointOne，Point2D  setPointTwo，Point2D
         setPointThree）{
         pointOne = setPointOne；
         pointTwo = setPointTwo；
         pointThree = setPointThree；
         }
    / * *
     * 打印构成三角形的三个点的 x 和 y 坐标的值
     * /
     void printPoint() {
        System. out. println("(" + pointOne. getX()+ ","+ pointOne. getY()
        +")"+"\n("+ pointTwo. getX()+ ","+ pointTwo. getY()+")"+"\n
        (" + pointThree. getX()+","+ pointThree. getY()+")");
        }
}
```

(3)构造方法的定义。Java 的类都有构造方法，用来对类的私有属性初始化，如果没有定义构造方法，Java 编译器会提供一个缺省不带参数的构造方法。构造方法的名字和类名相同，并且没有返回值，除此之外，与普通方法相同。例如，示例 3.3 和示例 3.4 所示的类 Point2D 和类 Triangle 如果没有定义构造函数，则 Java 编译器为它们提供的缺省的构造方法分别如下所示。

```
Point2D( ) {
}
Triangle( ) {
}
```

示例 3.5 和示例 3.6 给出了类 Point2D 和类 Triangle 的有参构造函数,用来初始化类的私有属性。

示例 3.5 类 Point2D 构造方法的定义。其程序代码如下:

```
/* *
 *二维点类
 * @author machunyan
 */
Class Point2D {
        float x;//点的 x 坐标
        float y; //点的 y 坐标
        /* *
         * 初始化属性的构造函数
         * @param initialX 初始化属性 x
         * @param initialY 初始化属性 y
         */
        Point2D(float initialX, float initialY) {
            x = initialX;
            y = initialY;
        }
        /* *
         * 为点的 x 坐标重新赋值
         * @param newX 为属性 x 重新赋值
         */
        float setX(float newX) {
            x = newX;
        }
        /* *
         * 为点的 y 坐标重新赋值
         * @param newY 为属性 y 重新赋值
         */
        float setY(float newY) {
```

```
            y = newY；
    }
    /＊＊
     ＊返回点的 x 坐标
     ＊/
    float getX（）｛
        return x；
    }
    /＊＊
     ＊返回点的 y 坐标
     ＊/
    float getY（）｛
        return y；
    }
}
```

示例 3.6　类 Triangle 构造方法的定义。其程序代码如下：

```
/＊＊
 ＊ 三角形类
 ＊@ author machunyan
 ＊/
Class Triangle ｛
        Point2D    pointOne；//构成三角形的第一个点
        Point2D    pointTwo；//构成三角形的第二个点
        Point2D    pointThree；//构成三角形的第三个点
        /＊＊
         ＊初始化构成三角形的三个点
         ＊@param initialPointOne 为构成三角形的第一个点初始化
         ＊@paraminitialPointTwo 为构成三角形的第二个点初始化
         ＊@paraminitialPointThree 为构成三角形的第三个点初始化
         ＊/
        Triangle（Point2D initialPointOne，Point2D initialPointTwo，Point2D
        initialPointThree）｛
        pointOne ＝ initialPointOne；
        pointTwo ＝ initialPointTwo；
        pointThree ＝ initialPointThree；
```

```
    }
    /**
      * 为构成三角形的三个点重新赋值
      * @param setPointOne 为构成三角形的第一个点重新赋值
      * @param setPointTwo 为构成三角形的第二个点重新赋值
      * @param setPointThree 为构成三角形的第三个点重新赋值
    */
     void  setPoint （Point2D  setPointOne，Point2D  setPointTwo，Point2D
     setPointThree) {
       pointOne = setPointOne；
       pointTwo = setPointTwo；
       pointThree = setPointThree；
     }
    /**
      * 打印构成三角形的三个点的 x 和 y 坐标的值
      * /
     void printPoint() {
       System. out. println("(" + pointOne. getX()+ ","+ pointOne. getY()
       +")"+"\n("+ pointTwo. getX()+ ","+ pointTwo. getY()+")"+"\n
       (" + pointThree. getX()+","+ pointThree. getY()+")");
     }
  }
```

3.1.2　对象的创建和使用

1. 对象变量的声明

在创建了一个新的对象类型——类——之后,可以声明这种类型的对象变量(通常简称对象)。例如,声明类 Point2D 和类 Triangle 类型的对象变量 pointOne 和 triangle。

Point2D 　pointOne；

Triangle 　triangle；

上述仅仅是对象变量 pointOne 和 triangle 的声明,并没有对它们进行初始化,还不能使用。必须通过 new 关键字调用相应类 Point2D 和 Triangle 的构造函数创建对象,在对变量 pointOne 和 triangle 进行初始化后,才能使用它们。

对象变量的声明并不为对象分配内存空间,而只是分配一个引用空间,对象的引用类似于指针,是 32 位的地址空间。

2. 对象的创建

在面向对象系统中，常常把对象和实例当做同义词，即实例是从某类创建的一个对象，必须通过 new 关键字自动调用构造方法来创建类对象。例如，通过 new 关键字调用类 Point2D 和 Triangle 的构造函数创建对象，并对属性进行初始化。

(1)Point2D pointOne = new Point2D(100.0 , 200.0);

(2) Triangle triangle = new Traingle(new Point2D(100. 0 , 200. 0), new Point2D (100.0，200.0), new Point2D(100.0 , 200.0));

pointOne 的值指向对象 new Point2D(100.0 , 200.0)实际分配的内存空间的首地址，如图 3.1 所示。pointOne 是一个引用，其值指向对象实际所在的内存地址。new 关键字的每次使用，会创建相应类的一个新的对象，一个类的不同对象分别占据不同的内存空间。将 new 关键字的作用总结如下：

(1)引起对象构造方法的调用。

(2)为对象分配内存空间。

(3)为对象返回一个引用。

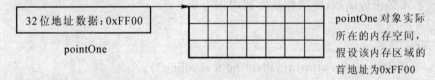

图 3.1　引用概念的示意图

3. 对象的使用

通过运算符"."可以实现对对象属性的访问和方法的调用。属性和方法可以通过设定访问权限来限制其他外部对象对它的访问，详见 3.3 节。

对象属性的访问格式：reference. variable

其中，reference 可以是一个已生成的对象，也可以是能生成对象的表达式，或已初始化的对象变量。例如：

(1)pointOne. x = 10;

(2)float tx = new Point2D(100.0, 200.0). x;

对象方法的调用格式：reference. methodName([paramlist])

其中，reference 的含义同前所述，例如：

(1)pointOne. setX(300.0);

(2)new Point2D(100.0,200.0). getX( );

4. 对象的清除

当对一个对象的引用不存在时，该对象成为一个无用的对象。Java 的垃圾收集器自动扫描对象的动态内存区，把没有引用的对象作为垃圾收集起来并释放内存空间。

3.1.3 方法重载

方法重载是指在同一个类中,可以定义多个方法名相同,但参数类型或参数个数不同的方法。在示例 3.7 中,也可以定义多个同名但参数类型或参数个数不同的构造方法。例如,在示例 3.7 中,类 Tree 有三个重载的构造函数,它们的参数个数不同。方法 info 有两个重载的方法。

示例 3.7 方法的重载。其程序代码如下:

```java
importJava. util. * ;
/ * *
 * 建模树的类
 *  @author machunyan
 * /
class Tree {
    int height;//属性树的高度
    / * *
     * 无参构造函数,将属性高度初始化为 0
     * /
    Tree() {
        System. out. println("Planting a seedling");
        height = 0;
    }
    / * *
     * 构造函数,对树高度 height 初始化
     * @param i 对树高度 height 初始化
     * /


    Tree(int i) {
        System. out. println("Creating new Tree that is " + i + " feet tall");
        height = i;
    }
    / * *
     * 构造函数,对树高度 height 初始化
     * @param i 对树高度 height 初始化
     * @param s 打印的字符串信息
     * /
    Tree(int i, String s) {
```

```
            this(i);
            System. out. println(s);
        }
        / * *
         * 打印树高度的信息
         * /
        void info() {
            System. out. println("Tree is " + height+ " feet tall");
        }
        / * *
         * 打印树高度的信息
         * @param s 打印的字符串信息
         * /
        void info(String s) {
            System. out. println(s + "：Tree is " height + " feet tall");
        }
}
/ * *
 * 方法重载演示类
 * @author machunyan
 * /
public class Overloading {
    / * *
     * 演示方法重载
     * /
    public static void main(String[] args) {
        for(int i = 0; i < 5; i++) {
            Tree t = new Tree(i);
            t. info();
            t. info("overloaded method");
            System. out. println();
        }
        new Tree();
    }
}
```

示例 3.8 方法重载中常犯的错误演示。其程序代码如下：

```java
importJava. util. * ;
importJava. util. * ;
/ * *
 * 建模树的类
 *   @author machunyan
 * /
class Tree {
    int height;//属性树的高度
    / * *
     * 无参构造函数,将属性高度初始化为 0
     * /
    Tree() {
        System. out. println("Planting a seedling");
        height = 0;
    }
    / * *
     * 构造函数,对树高度 height 初始化
     * @param i 对树高度 height 初始化
     * /

    Tree(int i) {
        System. out. println("Creating new Tree that is " + i + " feet tall");
        height = i;
    }
    / * *
     * 构造函数,对树高度 height 初始化
     * @param i 对树高度 height 初始化
     * @param s 打印的字符串信息
     * /
    Tree(int i, String s) {
        this(i);
        System. out. println(s);
    }
    / * *
```

```java
     * 打印树高度的信息
     */
    void info() {
        System. out. println("Tree is " + height+ " feet tall");
    }
    /* *
     * 打印树高度的信息
     *  @param s 打印的字符串信息
     */
    void info(String s) {
        System. out. println(s + "：Tree is " height + " feet tall");
    }
    /* *
     * 错误的重载格式
     */
    void info(String str) {
        System. out. println(str + "：Tree is " + height + " feet tall");
    }
    /* *
     * 错误的重载格式
     */
    String info(String s) {
        return s + "：Tree is " + height + " feet tall";
    }
}
/* *
 *方法重载演示类
 *   @author machunyan
 */
public class Overloading {
    /* *
     * 演示方法重载
     */
    public static void main(String[] args) {
        for(int i = 0；i < 5；i++) {
```

```
                Tree t = new Tree(i);
                t. info();
                t. info("overloaded method");
                System. out. println();
            }
          new Tree();
        }
}
```

当示例 3.8 编译时,将提示 info 方法重定义错误。这是因为仅参数类型、参数顺序和参数的个数决定方法重载,方法的返回类型并不决定重载。当编译源程序时,编译器会根据方法调用时的参数决定关联哪一个重载的方法体。对于方法名和参数都相同的方法,无法决定关联哪一个重载的方法体,将这种情况视为方法的重定义,并报错。

示例 3.8 的编译结果如下:

G:\test\源码演示＞javac Overloading. Java
Overloading. Java:41:info(Java. lang. String) is already defined in Tree
            void info(String str) {
Overloading. Java:47:info(Java. lang. String) is already defined in Tree
            String info(String s) {
2 errors

另外,当程序员为某个类撰写多个重载的构造函数时,想要在某个构造函数里调用另一个构造函数,用 this([参数列表]),见示例 3.8。

3.1.4　static 关键字的含义

1. 实例变量和类变量

类属性的格式除了包括属性的数据类型和属性名字外,在名字前还可以加 static 关键字进行修饰,表示该属性是类属性,通常称为类变量(或称静态变量/静态属性)。如果类内的属性没有加 static 关键字修饰,则通常将该属性称为实例变量(或称对象变量)。在示例 3.9 中,变量 x 和 y 是实例变量,变量 numberOfInstances 是类变量。

示例 3.9　实例变量和类变量的用法。

```
class Point2D {
    float   x;//二维点的 x 坐标
    float   y;//二维点的 y 坐标
    static int numberOfInstances = 0;//二维点计数的静态变量
    ...
}
```

实例变量成员在类的每个对象的内存中都存在着一份拷贝,即每个对象的实例变量都单独分配内存,通过该对象和".."运算符访问这些实例变量,不同对象的实例变量是不同的,如图3.2 所示。

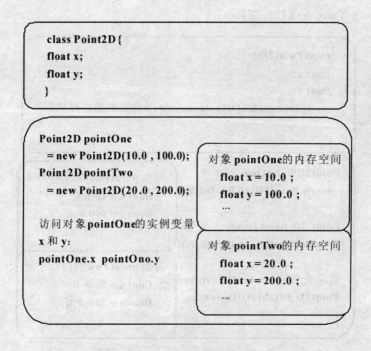

图 3.2　实例变量成员图示

类变量分配的内存则在类所有对象共享的内存空间。所有对象共享同一个类变量,每个对象对类变量的改变都会影响到其他对象。类变量可通过类名直接访问,无须先声明一个对象,如图 3.3 所示。

有时候需要创建类的变量,而不是对象的变量,例如,统计点的数量,即要求 Point2D 类要记录目前为止共创建了多少个 Point2D 类对象,详见示例 3.10。

2. 实例方法和类方法

类内没有加 static 关键字声明的方法称为类的实例方法(或称对象方法)。实例方法可以对当前对象的实例变量进行操作。也可以对类变量进行操作,实例方法由对象调用。一个类所有的对象调用的成员方法在内存中只有一份拷贝,如示例 3.10 所示,setX 是实例方法,在内存中只有一个方法体如下:

```
public void  setX(int  newX)  {
    x = newX;
}
```

那么,对于下述方法调用:

Point2D pointOne = new Point2D(10.0f, 100.0f);

pointOne. setX(30.0f);

Point2D pointTwo = new Point2D(20.0f, 200.0f);

pointTwo. setX(50.0f);

```
class Point2D {
float x;
float y;
static int numberOfInstances = 0; //类变量的内存空间
...

}
```

Point2D pointOne
  = new Point2D(10.0 f, 100.0f);

Point 2D pointTwo
  = new Point2D(20.0 f, 200.0f);

访问类变量numberOfInstance
Point2D.numberOfInstance

对象 pointOne的内存空间
float x = 10.0 f;
float y = 100.0 f;
...

对象 pointTwo 的内存空间
float x = 20.0 f;
float y = 200.0 f;
...

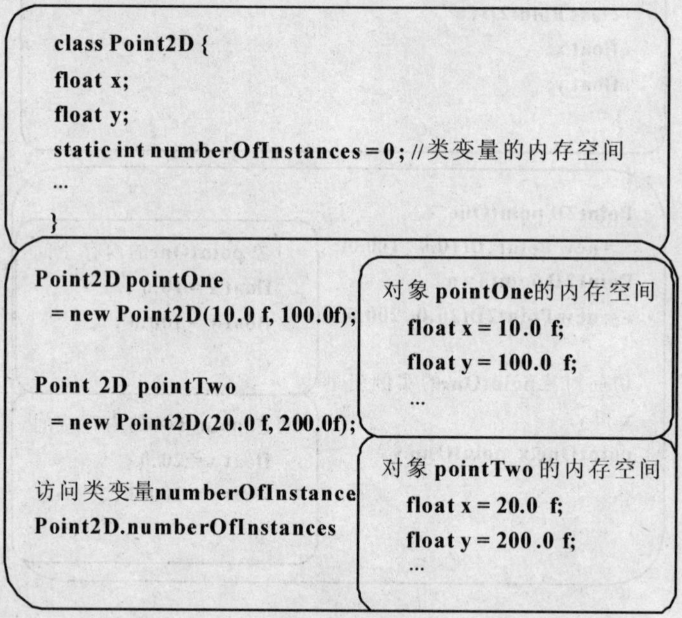

图 3.3 类变量成员图示

pointOne. setX(30.0f)和 poi. setX(30.0f)修改的是 pointOne 对象的实例变量 x, pointTwo. set(50.0)修改的是 pointTwo 对象的实例变量 x,实际上,每个实例方法内部,都有一个 this 引用变量,指向调用这个方法的对象,即在每个方法的参数中扩充一个对象类型的 this 参数与调用该方法的参数进行关联。例如,上述方法体被隐含翻译为:

```
public void   setX(Point2D this , int   newX)   {
    this. x = newX;
}
```

pointOne. setX(30.0f)和 pointTwo. setX(50.0f)分别翻译为 setX(pointOne,30.0f)和 setX(pointTwo,50.0f)。

因此,this 是面向对象中实例方法隐含的参数,它允许程序员在撰写实例方法体时使用,见示例 3.11。每当调用一个实例方法时,this 变量便被设置成引用该实例方法特定的类对象,方法的代码接着会与 this 所代表对象的实例变量建立关联。

类内加 static 关键字声明的方法称为类方法(或称静态方法)。类方法不能访问实例变量,只能访问类变量。类方法可以由类名直接调用,也可由对象进行调用。类方法中不能使用 this 或 super 关键字。另外,类的实例方法可以调用该类的实例方法和静态方法,类的静态方法则只能调用该类的静态方法。如示例 3.11 所示,类 Point2D 的实例方法有 getX,getY, setX ,setY;类 Point2D 的静态方法有 getNumberOfInstances()和 main()方法。

示例 3.10 实例方法和类方法(一)。

```java
/ * *
 * 二维点类
 * @author machunyan
 * /
class Point2D {
float   x;//二维点的 x 坐标
float   y;//二维点的 y 坐标
static int numberOfInstances = 0;//二维点计数的静态变量
/ * *
 * 初始化属性的构造函数
 *  @param initialX 初始化属性 x
 *  @param initialY 初始化属性 y
 * /
Point2D(float   initialX, float   initialY)  {
  x = initialX;
  y = initialY;
numberOfInstances++;
}
static int   getNumberOfInstances()  {
  return numberOfInstances;
}
/ * *
 * 为点的 x 坐标重新赋值
 * @param newX 为属性 x 重新赋值
 * /
float setX(float newX) {
    x = newX;
}
/ * *
 * 为点的 y 坐标重新赋值
```

```java
 * @param newY 为属性 y 重新赋值
 */
float setY(float newY) {
    y = newY;
}
/* *
 * 返回点的 x 坐标
 */
float getX() {
    return x;
}
/* *
 * 返回点的 y 坐标
 */
float getY() {
    return y;
}
}
```

示例 3.11 实例方法和类方法(二)。

```java
/* *
 * 二维点类
 * @author machunyan
 */
class Point2D {
float   x;//二维点的 x 坐标
float   y;//二维点的 y 坐标
static int numberOfInstances = 0;//二维点计数的静态变量
/* *
 * 初始化属性的构造函数
 * @param initialX 初始化属性 x
 * @param initialY 初始化属性 y
 */

Point2D(float   initialX, float   initialY)   {
    this. x = initialX;
```

```java
        this. y = initialY;
    numberOfInstances++;
    }
    static int   getNumberOfInstances()   {
        return numberOfInstances;
    }
    /* *
     * 为点的 x 坐标重新赋值
     * @param newX 为属性 x 重新赋值
     */
    float setX(float newX) {
        this. x = newX;
    }
    /* *
     * 为点的 y 坐标重新赋值
     * @param newY 为属性 y 重新赋值
     */
    float setY(float newY) {
        this. y = newY;
    }
    /* *
     * 返回点的 x 坐标
     */
    float getX() {
        returnthis. x;
    }
    /* *
     * 返回点的 y 坐标
     */
    float getY() {
        returnthis. y;
    }
    public static void main(String[ ] args) {
    setX(100. 0);//不可以,类的静态方法 main 只能直接调用该类的静态方法
    getNumberOfInstances()//可以
```

```
Point2D pointOne = new Point2D(10.0f, 100.0f);//可以
System. out. println("x: " + pointOne. getX());//可以
System. out. println("y: " + pointOne. getY());//可以
pointOne. setX(200.0f); //可以
System. out. println("x: " + pointOne. getX());//可以
System. out. println("Instances after PointOne is created: " +getNumberOfInstances
());//可以
Point2D pointTwo = new Point2D(20f, 200f); //可以
System. out. println("x: " + pointTwo. getX());//可以
System. out. println("y: " + pointTwo. getY());//可以
System. out. println("Instances after PointTwo is created: " +getNumberOfInstances
());//可以
    }
}
```

在示例 3.11 中,由于在 static 类型的方法中调用了非 static 类型的变量,所以编译过程中出现了错误,其编译结果如下:

G:\test\源码演示＞javac Point2D. Java

Point2D. Java:35: setX(float) in Point2D cannot be applied to (double)

setX(100.0);// 不可以,类的静态方法 main 只能直接调用该类的静态方法

1 error

如果,将示例 3.11 中的黑体部分的代码 setX(100.0)屏蔽,编译运行该示例代码就可以得到如下所示的运行结果:

G:\test\源码演示＞javac Point2D. Java

G:\test\源码演示＞Java Point2D

x: 10.0

y: 100.0

x: 200.0

Instances after PointOne is created: 1

x: 20.0

y: 200.0

Instances after PointTwo is created: 2

从上述程序的运行结果可以看出,每个对象的实例变量都分配内存,不同对象的实例变量是不同的。类变量分配的内存则在类的所有对象共享的内存空间,所有实例对象共享同一个类变量。

3.1.5　final 关键字的含义

final 关键字可以修饰类、类的成员变量和成员方法,但具有不同的作用。

(1)final 修饰成员变量。final 修饰成员变量则成为常量,其值初始化后不能被改变。当 final 修饰成员变量时,要求在声明变量的同时给出变量的初始值,或在所有的构造函数中初始化该变量;而 final 修饰局部变量时不做要求。例如:示例 3.12 和示例 3.13 是正确的语法形式,而示例 3.14 和示例 3.15 是不正确的语法形式,编译错误详见示例 3.14 和示例 3.15 的运行结果。

示例 3.12　final 关键字修饰成员变量正确示例 1。

```
class FinalExample {
    final float x = 3;//定义常量 x
    float y;
    public FinalExample() {
    }
}
```

示例 3.13　final 关键字修饰成员变量正确示例 2。

```
class FinalExample {
    final float x; //定义常量 x
    float y;
    public FinalExample() {
        x = 3;// //为常量 x 赋初值
    }
}
```

示例 3.14　final 关键字修饰成员变量错误示例 1。

```
class FinalExample {
    final float x; //定义常量 x
    float y;
    public FinalExample() {
    }
}
```

示例 3.14 的编译结果如下:

G:\test\源码演示>javac FinalExample. Java

FinalExample. Java:7: variable x might not have been initialized

1 error

示例 3.15 final 关键字修饰成员变量错误示例 2。

```
class FinalExample {
    final float x=3;// 定义常量 x,并在定义处初始化
    float y;
    public FinalExample() {
    }
    public void changeFinalVariable(){
        x=0;//修改常量 x,不允许
    }
}
```

示例 3.15 的编译结果如下：

G:\test\源码演示＞javac FinalExample.Java

FinalExample.Java:9: cannot assign a value to final variable x

        x=0;

1 error

(2)final 修饰成员方法。final 修饰方法,则该方法不能被子类重写(方法的重写见 6.1.3 节)。其程序编码如下：

final returnType methodName(paramList){}

(3)final 类。final 修饰类,则该类不能被继承。其程序编码如下：

final class finalClassName{}

3.2　Java 中的访问权限限制

3.1 节讲述了 Java 的封装性的一个方面,另一方面体现为对 Java 类和其成员的访问权限限制。Java 的访问权限限制包含包、类的访问权限以及类成员的访问权限三个部分。

3.2.1　Java 包的访问权限

为了组织、管理类及解决类命名冲突的问题,Java 引入包(package),在包中存放一个或多个相关类。Java 应用程序接口(Application Programming Interface,API)是 Java 提供给应用程序的类库,类库中所有类按其功能分别组织在不同的包中。例如,所有与输入和输出相关的类(java 字节码文件(.class))都放在 java.io 包中,与实现网络功能相关的类都放在 java.net 包中。

包采用文件系统目录的层次结构进行定义,它通过"."指明包的层次,例如,包名＝文件夹 1.文件夹 2.文件夹 3,其对应文件系统的目录结构为:……\文件夹 1\文件夹 2\文件夹 3。类位于包中,即是指类位于相应的文件夹中,例如,类 InputStream 位于包 java.io 中,即是指类 InputStream 在文件夹\java\io 中。

1. 引入和使用包中类

程序员可以使用 Java API 中提供的类快速搭建应用程序, 类的使用(例如, 用类声明变量, 通过类创建相应的类对象)有以下两种方式。

(1)在应用程序中使用类的全名, 即包名＋类名。例如, 声明和创建 Date 类型的变量和对象, 可以在应用程序中使用类的全名 java. util. Date。例如, 示例 3.16 中, Date 是类的名字, java. util 是类 Date 所属的包名, 通过这种方式唯一地标示一个类名。因此, 包提供了一种命名机制和可见性限制机制。

示例 3.16　全名引用类示例。

……

java. util. Data data ＝ new java. util. Data( );

……

(2)通过应用关键字 import 导入相应的类/包, 在应用程序中可以只使用类名。例如, 示例 3.17 通过 import 关键字导入 Date 类, 示例 3.18 通过 import 关键字导入整个包 java. util。

示例 3.17　导入类示例。

……

import java. util. Data

//通过应用关键字 import 导入相应的包, 可以在程序中按下面语句的方式使用类 Date

Data data ＝ new Data( );

……

示例 3.18　导入包示例。

……

import java. util. *

//通过应用关键字 import 导入相应的包, 可以在程序中按下面语句的方式使用类 Date

Data data ＝ new Data( );

……

示例 3.18 的优点是, 在同一个源文件中, 还可以使用同一个包 java. util 中的其他类。例如, 示例 3.19 中, 在同一源文件中, 又使用了 java. util 包中的类 Dictionary。

示例 3.19　引用包中多个类示例。

……

import java. util. *

//通过应用关键字 import 导入相应的包, 可以在程序中按下面语句的方式使用类 Date

Data data ＝ new Data( );

Dictionary dictionary ＝ new Dictionary();

……

无论是 API 提供的类还是自己定义包中的类, 都必须用 import 语句标识或使用类的全

名,以通知编译器在编译时找到相应的类文件,但以下两种情况例外:

1)位于同一个包内的类可以相互引用,不必使用 import 语句或类的全名。

2)在源程序中用到了 Java 类库中 java. lang 包中的类,可以直接引用,不必使用 import 语句或类的全名。

2. 自定义包

完整定义一个类后,可以在很多应用程序中使用该类。程序员可以根据类功能的不同,将若干类组织在包中管理,以便包中的类被复用。

通过关键字 package 可以定义一个包。package 语句必须是文件中的第一条语句(即在 package 语句之前,除了空白和注释外不能有任何语句)。例如,将 Point2D 组织在包 shape 中,程序代码示例见示例 3.20。

示例 3.20 自定义包。

```
package shape;
public class Point2D {
    ……
}
```

在类 Triangle 中用到 Point2D,可以通过下面两种方式,一般使用第(2)种方式比较方便。

(1)通过用类的全名。其程序代码如下:

```
Class Triangle {
        shape. Point2D    pointOne;//构成三角形的第一个点
        shape. Point2D    pointTwo;//构成三角形的第二个点
        shape. Point2D    pointThree;//构成三角形的第三个点
        ……
}
```

(2)通过导入包的方式。其程序代码如下:

```
package shape;
import shape. * ;
Class Triangle {
        Point2D    pointOne;//构成三角形的第一个点
        Point2D    pointTwo;//构成三角形的第二个点
        Point2D    pointThree;//构成三角形的第三个点
        ……
}
```

3.2.2 Java 类的访问权限

Java 中的类是通过包的概念进行组织的,包是类的一种松散集合。处于同一个包中的类可以不需要任何说明而方便地相互访问和引用。

　　Java 类的访问限定权限有两种选择,即 public 和缺省的。

　　(1)如果 class 关键字前没有任何修饰符,例如示例 3.3,就说明它具有缺省的访问控制特性。这种缺省的访问控制权规定该类只能被同一个包中的其他类访问和引用,而不可以被其他包中的类使用,这种访问特性又称为包访问性。

　　(2)如果 class 关键字前有修饰符 public,即公开的,就表明它可以被任意其他类所访问和引用,这里的访问和引用是指这个类作为整体是可见和可使用的,程序的其他部分可以创建这个类的对象,访问这个类内部可见的成员变量和调用类可见的方法。另外,在 Java 中,public 类必须定义在与类同名的文件中。

　　对于不同包中的类,一般说来,它们相互之间是不可见的,当然也不能相互引用。但是,当一个类 A 被声明为 public 时,它就可以被其他包中的类 B 访问,只要类 B 使用 import 语句导入类 A 即可。

　　例如,对于下面的示例 3.21,类 Vector 位于包 com. bruce. simpl 中,其访问权限为缺省的。示例 3.22 中的类 List 位于包 com. bruce. simpl 中,其访问权限是 public,那么,和它们在同一包中的类 LibTestOne(见示例 3.23)可以使用类 Vector 和类 List,而位于缺省包中的类 LibTestTwo(见示例 3.24)仅可以使用类 List。请看下面示例文件 LibTestOne. java 和 LibTestTwo. java 的编译结果。

　　示例 3. 21　Vector. java。

```
//创建包 com. bruce. simple
package com. bruce. simple;
class Vector {
    public Vector() {
        System. out. println("com. bruce. util. Vector");
    }
}
```

　　示例 3. 22　List. java。

```
//创建包 com. bruce. simple
package com. bruce. simple;
public class List {
    List() {
        Vector v = new Vector();
        System. out. println("com. bruce. util. List");
    }
}
```

示例 3.23 LibTestOne.java。

```
//创建包 com.bruce.simple
package com.bruce.simple;
public class LibTestOne {
    public static void main(String[] args) {
    Vector v = new Vector();
    List l = new List();
    }
}
```

示例 3.24 LibTestTwo.java。

```
//导入包 com.bruce.simple
import com.bruce.simple.*;
public class LibTestTwo {
    public static void main(String[] args) {
    Vector v = new Vector();
    List l = new List();
    }
}
```

编译 LibTestOne.java 的结果如下：

G:\bookExample\3.1>javac com/bruce/simple/LibTestOne.java

G:\bookExample\3.1>

编译 LibTestTwo.java 的结果如下：

G:\bookExample\3.1>javac LibTestTwo.java

LibTestTwo.java:7: com.bruce.simple.Vector is not public in com.bruce.simple; cannot be accessed from outside package

Vector v = new Vector();

LibTestTwo.java:7: com.bruce.simple.Vector is not public in com.bruce.simple; cannot be accessed from outside package

Vector v = new Vector();

LibTestTwo.java:7: Vector() in com.bruce.simple.Vector is not defined in a public class or interface; cannot be accessed from outside package

Vector v = new Vector();

3 errors

3.2.3　Java 类成员的访问权限

通过对类成员施以一定的访问权限,可以实现类中成员的信息隐藏。

1. 私有访问控制符 private

private 控制符用来声明类的私有成员,它提供了最高的保护级别。用 private 控制的属性和操作只能被该类自身的操作所访问和修改,而不能被任何其他类(包括该类的子类)获取和引用。例如,示例 3.25 所示的类 Point2D 中,其属性 x 和 y 可以声明为私有的。

示例 3.25　私有访问控制符的使用。

```
public class Point2D {
        private float x;//点的 x 坐标
        private float y;//点的 y 坐标
}
```

当其他类希望获取或修改私有成员属性时,需要借助于类的方法实现,例如,在类 Point2D 中定义了方法 getX()获得属性 x 的值,定义方法 setX()修改 x,从而把 x 完全保护起来。类外部只知道类内保存点的 x 坐标,是不可能通过类 Point2D 的对象变量和点运算符直接访问 x 坐标的,私有的操作与之同理。

2. 缺省访问控制符

类内的属性和操作如果没有访问控制符限定,说明它们具有包访问属性,可以被同一个包中的其他类所访问和调用。例如,对于示例 3.26 和示例 3.27,类 Vector 和类 List 都位于包 com. bruce. simpl 中,其访问权限都为 public。类 LibTestOne(见示例 3.28)和类 LibTestTwo(见示例 3.29)都可以声明类 Vector 和类 List 的对象变量。但是,位于缺省包中的类 LibTestTwo 不可以访问类 List 中的缺省访问控制符的成员,请看文件 LibTestOne. java 和 LibTestTwo. java 的编译结果。

示例 3.26　Vector. java。

```
//创建包 com. bruce. simple
package com. bruce. simple;
public class Vector {
        public Vector() {
        System. out. println("com. bruce. util. Vector");
        }
}
```

示例 3.27　List. java。

```
//创建包 com. bruce. simple
package com. bruce. simple;
```

```
public class List {
    List() {
        Vector v = new Vector();
        System. out. println("com. bruce. util. List");
    }
}
```

示例 3.28   LibTestOne. java。

```
//创建包 com. bruce. simple
package com. bruce. simple;
public class LibTestOne {
    public static void main(String[] args) {
        Vector v = new Vector();
        List l = new List();
    }
}
```

示例 3.29   LibTestTwo. java。

```
//导入包 com. bruce. simple
import com. bruce. simple. * ;
public class LibTestTwo {
    public static void main(String[] args) {
        Vector v = new Vector();
        List l = new List();
    }
}
```

编译 LibTestOne. java 的结果如下：

G:\bookExample\3. 2>javac com/bruce/simple/LibTestOne. java

G:\bookExample\3. 2>

编译 LibTestTwo. java 的结果如下：

G:\bookExample\3. 2>javac LibTestTwo. java

LibTestTwo. java:8: List() is not public in com. bruce. simple. List; cannot be acce
ssed from outside package

List l = new List();

1 error

3. 保护访问控制符 protected

用 protected 控制的类内成员变量可以被三种类所访问和调用：该类自身、与它在同一个包中的其他类、在其他包中该类的子类。使用 protected 控制符的主要作用是允许其他包中它的子类对基类的特定属性进行访问。

4. 公共的访问控制符 public

如果类作为整体是可见和可使用的（参见 3.2.2 节类的访问权限），类内成员变量前有控制符 public（即公共的），则表明相应的成员变量可以被任意其他类所访问和调用。

综上所述，类、属性和方法的访问控制可以归纳为表 3.1 和表 3.2。

表 3.1　Java 中类成员访问权限的作用范围

类成员	同一个类	同一个包	不同包的子类	不同包非子类
private	可以			
default	可以	可以		
protected	可以	可以	可以	
public	可以	可以	可以	可以

表 3.2　类、类中的属性和类中方法的访问权限

类的访问权限　　属性与方法的访问权限	public	缺省
public	所有类	与当前类在同一个包中的所有类（也包括当前类）
protected	(1)与当前类在同一个包中的所有类（也包括当前类）；(2)当前类的所有子类	与当前类在同一个包中的所有类（也包括当前类）
缺省	与当前类在同一个包中的所有类（也包括当前类）	与当前类在同一个包中的所有类（也包括当前类）
private	当前类本身	当前类本身

3.3 Java API 应用举例

在运用 Java 程序设计语言构建大型应用系统的过程中,程序员往往需要通过使用已有的类,快速搭建应用程序,完成所需要的功能。具备 3.1 节和 3.2 节所讲的基础知识是 Java 程序员学习的第一个步骤,在此基础上,本节总结了使用 Java API 或其他程序员撰写的类的基本步骤,并举例说明。本节的内容对于学会用 Java 语言编程至关重要,也是程序员学会用 Java 语言撰写程序必备的基本技能。

使用 Java API 或其他程序员撰写的类的基本步骤如下:

(1)查看帮助文档了解类的功能(是否使用该类)。

(2)声明该类的对象变量(注意该类的访问权限限制及所在的包)。

(3)用 new 关键字调用该类的构造函数,创建该类对象,可以将类对象赋予第(2)步骤声明的对象变量。

(4)查看用哪个方法完成功能。查看帮助文档了解该类提供的方法及相应的功能(注意该类的方法和成员的访问权限限制)。

(5)用第(3)步骤产生的对象或初始化了的对象变量和“.”运算符调用相应的方法完成功能。

下面通过类和类举例阐释使用 Java API 或其他程序员撰写的类的基本步骤。

3.3.1 类 Java. lang. String

1. Java. lang. String 的基本用法

在 C 语言中,字符串使用一个字符数组表示。在 Java 中没有“字符串”这一基本数据类型,但是有一个专门封装了字符数组操作的 Java. lang. String 类,该类是 Java 中处理字符串最基本的类。

字符串是一个字符的序列。当初始化字符串时,以下两种常用方法是等价的:

String s =“String is a list of characters”;

String s = newString(“String is a list of characters”);

在 C 语言中,使用字符“\0”作为字符串的结束标志,在实际运用过程中要时刻注意字符数组的长度因为结束标志带来的变化;而在 Java 中,字符串从索引 0 开始,在索引 $N-1$ 处结束,其中 N 为串中的字符个数。例如,字符串“Hello”的长度为 5,最后一个字符的索引值为 4。

String 类封装了对字符串的多种操作,其中常用的对字符串的操作见表 3.3。

表 3.3　String 类封装的对字符串的操作

返回类型	操作功能
char	charAt(int index)返回指定索引处的 char 值
String	concat(String str)将指定字符串连接到此字符串的结尾
boolean	contains(CharSequence s) 当且仅当此字符串包含指定的 char 值序列时,返回 true
boolean	equals(Object anObject) 将此字符串与指定的对象比较
int	indexOf(String str) 返回指定子字符串在此字符串中第一次出现处的索引
int	length() 返回此字符串的长度
String	substring(int beginIndex, int endIndex)返回一个新字符串,它是此字符串的一个子字符串
String	toLowerCase()使用默认语言环境的规则将此 String 中的所有字符都转换为小写
String	toUpperCase()使用默认语言环境的规则将此 String 中的所有字符都转换为大写
String	trim()返回字符串的副本,忽略前导空白和尾部空白
staticString	valueOf(Format f)返回传入参数的字符串表示形式。传入参数可以是 int,float 等基本数据类型,也可以是一个对象

2.字符串的链接

String 类提供了一个 concat 方法,将给定字符串添加到当前字符串末尾。

String s ＝ new String("Hello");

s ＝ s.concat("World");

也可以使用"＋"运算符实现上述功能,直接将给定字符串添加至原串末尾,该语句与上面的语句等价。

String s ＝ new String("Hello");

s ＝ s ＋"World";

一个字符串不仅可以与另一个字符串相加,还可以与其他基本数据类型相加,结果是一个添加了新内容的字符串。在一个加运算中,如果参与运算的对象有一个字符串,则相加的结果就会是一个字符串。例如:

System.out.println("Hello" ＋ 999 ＋ 1 ＋ "World");

System.out.println(999 ＋ 1 ＋"Hello" ＋ "World");

上述第一个输出语句将输出 Hello9991World,而第二个输出语句将输出 1000HelloWorld。这是因为在第一个语句中,"999"与"1"运算之前已经是一个字符串的一部分；而在第二个语句中，"999 + 1"仍然按照正常的数学加法运算，得到的结果与字符串相加时才被自动转化为字符串。

字符串加法操作不仅可以用于数字，还可以直接用于一般的类。例如，以下语句在 Java 中可以正确运行：

Vector＜String＞ v = new Vector＜String＞();

v. add("World");

System. put. println("Hello " + v);//输出 Hello World

所有直接继承基类 Object 的类内部都有一个 toString 方法，它返回该对象的字符串表示形式。当类进行字符串运算时，Java 虚拟机将自动调用对象的 toString 方法，并且将返回结果参与字符串运算。另外，当对类进行输出等操作时，toString 方法也会被自动调用。

Java 还提供了对字符串子串进行操作的方法。与增加字符操作一样，从字符串中提取出目标子串也是常用的字符串处理功能之一。示例 3.30 实现了从一个源字符串中分解出每一个单词，并且使用一个向量进行存储的过程。从一个字符串 source 将每个独立的单词提取出来（单词间用空格分割），并且保存在一个字符串向量中，可以通过下述的方法实现该功能。

检索字符串中的每个字符，如果该字符是空格，使用一个临时变量记录该空格的位置，并且将位于上一次记录的位置（初始化为 0）到该位置处之间的子串提取出来，去掉空格进行保存，循环直到字符串解析结束。

示例 3.30 字符串处理实例。

```
//用于储存结果的向量
Vector＜String＞ destination = new Vector＜String＞();
String word;
//两个用于记录单词索引的变量
//其中，startIndex 记录单词的起始位置，endIndex 记录单词的结束位置
int startIndex = 0;
int endIndex = 0;
//从源字符串中提取出单词，条件是 endIndex 合法
    //endIndex 的获取方式是，在源字符串中以上一个单词的末尾为起点
//搜索下一个空格的位置，如果没有搜索到，则返回-1，此时循环结束
while (endIndex ＞= 0) {
//记录得到的子串
    word = source. substring(startIndex, endIndex);
//删除空格
word = word. trim();
//如果得到的子串是一个合法的单词，则添加进结果向量中
```

```
if (! word.equals("")) {
destination.add(word);
}
//进行下一次搜索,更新两个索引变量
startIndex = endIndex;
endIndex = source.indexOf(" ", startIndex + 1);
}
//对最后一个单词进行处理
word = source.substring(startIndex);
word = word.trim();
destination.add(word);
//输出结果
for(int i = 0; i < destination.size(); ++i) {
System.out.println(destination.get(i));
}
```

3. 字符串比较

当比较两个基本数据类型时,可以直接使用＝＝,＜,＞,＜＝,＞＝,！＝来进行运算。但是,String 作为一个封装类,明显有别于基本数据类型。实际上,所有的对象均可以使用"＝＝"运算符判定相等性,但是对于对象而言,这种判定只是简单地比较两个对象所引用的内存地址是否相同,因此通常情况下,比较的结果都是 false。例如,下面的语句永远输出 false:

```
Vector v1 = new Vector();
Vector v2 = new Vector();
System.out.println(v1 == v2);
```

如果希望的两个字符串相等,则不是指这两个对象所在的内存地址相等,而是其中的每个索引处的字符都相同。因此,"＝＝"符号并不能满足对于字符串相等性判定的需求。String 类提供了 equals 方法实现字符串内容比较的功能。例如,对于下述代码,第一条输出语句输出 false,第二条输出语句输出 true。

```
String s1 = "Hello";
String s2 = "Hello";
System.out.println(s1 == s2);
System.out.println(s1.equals(s2));
```

演示 String 类的 equals 方法的一个简单应用如示例 3.31 所示,请填写代码,以熟练运用 String 类的 equals 方法比较两个字符串的内容是否相等。

示例 3.31　equals 方法举例。

```java
public class Person  {
    private String   name;
    private String   address;
    public Person (String initialName，String initialAddress) {
        name = initialName;
        address = initialAddress;
    }
    public String getName() {
        return name;
    }
    public String getAddress() {
        return address;
    }

    publicboolean equals(Person person) {
        //填写代码,如果两个人的名字一致,认为两个人是同一个人,该方法返回 true,
        否则该法返回 false
    }
}
```

比较两个字符串的内容是否相等,可以使用 String 类的 equals 方法,代码填写如下:

```java
publicboolean equals(Person person) {
    return this. name. equals(person. getName());
}
```

4. 数据类型转换

(1)数值数据转换到字符串。将数值数据转换为字符串,除了通过"+"运算符,还可以通过类 String 的静态方法 valueOf(),例如:

```java
String   strValues;
strValues = String. valueOf(5.87);   // strValues 的值是 "5.87."
strValues = String. valueOf(true);   // strValues 的值是"true"
strValues = String. valueOf(18);   // strValues 的值是"18"
```

另外,通过基本数据类型的包装类提供的静态方法 toString(),也可以实现数值型数据到字符串的转换。每一种基本数据类型都有其包装类,如 Integer 类封装了整型数据的各种操作。在 JDK1.5 及其以上版本中,基本数据类型的封装是由 Java 虚拟机自动完成的。例如,下面的语句可以正确被编译并且运行:

```
int i ＝ new Integer(4);

Integer j ＝ i;
```

其中,Integer 是对 int 型数据的封装类。与此类似,Long,Float,Double,Byte 等分别是 long,float,double,byte 等基本类型的封装类。

例如,通过 toString()方法实现的将数值数据转换为字符串的代码示例如下:

```
String　strValues;

strValues ＝Interger. toString(18);
```

其他基本数据类型数据到字符串的转换与此同理,即分别通过相应包装类的 toString()方法进行转换。

(2)字符串转换到数值数据。假设有一个电子计算器,需要在两个文本输入框中输入数字,并且对数字相加得到的结果在另一个文本框中显示。由于在文本框中输入的数据只能以字符串的形式被识别,怎样将两个字符串转化为可以进行各种运算的基本数据类型并且计算出结果呢?

从基本数据类型转化为字符串的操作很容易实现,因此上述过程中的核心就是将字符串转化为基本数据类型。这可以使用相应包装类的 valueOf 方法实现。

在基本数据类型的封装类中,提供了与 String 类似的 valueOf 方法,可以将一个字符串作为传入参数进行数据类型转换,例如:

```
inti ＝ Integer. valueOf(“－999”);
```

但是,在转换过程中需要检查传入的字符串是否可以被转换为一个基本类型数据,其他字符串到基本数据类型数据的转换与此同理,分别通过相应包装类的 valueOf()方法。另外,也可以通过包装类提供的静态方法 parseX 实现字符串到基本数据类型数据的转换。例如:

```
inti ＝ Integer. parseInt(“10”),其中,parseX 中的 x 为 Int。

double d ＝ Double. parseDouble(“2.3”),其中,parseX 中的 x 为 Double。
```

3.3.2　类 Java. util. StringTokenizer

在字符串的使用中,对满足条件的子串的截取是最常用的字符串操作之一。可以使用示例 3.30 中用到的方法对目标字符串进行裁剪。实际上,Java 提供了一个更方便的类完成字符串解析的功能,即 java. util. StringTokenizer。

StringTokenizer 类可以根据默认的或用户定义的分隔符将字符串划分成满足条件的若干子串(或称为词汇单元)。该类的默认分隔符有空格符、制表符、换行符、回车符。用户也可以自定义任意字符作为分隔符。该类的构造方法和常用方法如表 3.4 所示。

表 3.4 String Tokenizer 构造方法和常用方法

返回类型	操作的功能
无	StringTokenizer(String str)为指定字符串构造一个 string tokenizer,使用默认分隔符
无	StringTokenizer(String str,String delim)为指定字符串构造一个 string tokenizer,使用自定义分隔符
无	StringTokenizer(String str, String delim, Boolean returnDelims)为指定字符串构造一个 string tokenizer,如果 returnDelims 值为 true,则分隔符本身也将作为分隔结果的一部分
int	countTokens()计算在生成异常之前可以调用此 tokenizer 的 nextToken 方法的次数
boolean	hasMoreElements()返回与 hasMoreTokens 方法相同的值
boolean	hasMoreTokens()测试此 tokenizer 的字符串中是否还有更多的可用词汇单元
Object	nextElement()除了其声明返回值是 Object 而不是 String 之外,它返回与 nextToken 方法相同的值
String	nextToken()返回此 string tokenizer 的下一个词汇单元
String	nextToken(String delim)返回此 string tokenizer 的字符串中的下一个词汇单元

有一产品类 Product,如示例 3.32 所示。现要求在示例 3.33 所示的类 ProductValue 中,撰写一个如下格式的静态方法:

public static Product createProduct(String str,String deli){ }

该静态方法可以将包含产品信息的字符串 str,以 deli 作为分割符将其划分为相应的产品属性信息,并创建一个 Product 对象返回。

方法 createProduct 可以通过 StringTokenizer 类予以实现,将 Str 作为其解析的对象,deli 作为分隔符。由于 StringTokenizer 类的方法 nextToken 每次返回的是一个词汇单元为字符串格式,因此,需要将解析出来的各词汇单元分别进行转型,然后再将其作为参数构造产品对象。createProduct 方法的实现如示例 3.34 所示。

示例 3.32 Product.java。

```
public class Product {
private String name;
    private int quantity;
    private double price;
    public Product(String initialName,int initialQuantity, double InitialPrice){
        name = initialName;
        quantity = initialQuantity;
        price = InitialPrice;
    }
```

```java
    public String getName(){
        return name;
    }
    public int getQuantity() {
        return quantity;
    }
    public double getPrice() {
        return price;
    }
}
```

示例 3.33　ProductValue. java。

```java
import java.util. * ;
public class ProductValue  {
    public static Product CreateProduct(String str,String deli)
        //填写代码完成相应的功能
    }
    public static void   main(String[]  args) {
        String data = "Mini Discs 74 Minute (10－Pack)_5_9.00";
        Product product = CreateProduct(data,"_");
        System. out. println("Name: " + product. getName());
        System. out. println("Quantity: " + product. getQuantity());
        System. out. println("Price: " + product. getPrice());
        System. out. println("Total: "+ product. getQuantity() * product. getPrice
        ());
    }
}
}
```

示例 3.34　createProduct 方法的实现。

```java
public static Product CreateProduct(String str,String deli){
    StringTokenizer tokenizer = new StringTokenizer(str, deli);
    if (tokenizer. countTokens() == 3){
    String name = tokenizer. nextToken();
    Int quantity = Integer. parseInt(tokenizer. nextToken());
    double price = Double. parseDouble(tokenizer. nextToken());
            return new Product(name,quantity,price);
```

```
        } else {
            return null;
        }
    }
```

3.4 公司雇员管理系统部分类的实现

到目前为止,根据所学的 Java 语言编程知识,可以实现如图 2.17 所示类图中的类 Employee,类 SaleItem 和类 DayRecord,其源码分别如示例 3.35～3.37 所示。各类除了类图中显示的方法外,示例分别为它们添加了实用的方法 toString,toString 方法返回代表对象属性值信息的字符串,一般都要求类提供该方法。

示例 3.35 Employee.java。

```java
import java.sql.Date;
/ *
 * 雇员类,所有雇员的基类
 * @author author
 */
public abstract class Employee {
    private String id;          //雇员的唯一身份标识
    private String name;        //雇员的名字
    private Date birthday;       //雇员的出生日期
    private String mobileTel;       //雇员的联系方式
    private static final String NEW_LINE = System.getProperty("line.separator");//
系统的换行符
    / * *
     * 初始化雇员基本信息的构造函数
     * @param initId 雇员的唯一身份标识
     * @param initName 雇员的名字
     * @param initBirthday 雇员的出生日期
     * @param initMobileTel 雇员的联系方式
     */
    public Employee (String initId, String initName, Date initBirthday, String
initMobileTel) {
    id = initId;
    name = initName;
```

```java
        birthday = initBirthday;
        mobileTel = initMobileTel ;
    }
    /**
     * 获得雇员的唯一身份标识
     */
    public String getId() {
        return id;
    }
    /**
     * 获得雇员的姓名
     */
    public String getName() {
        return name;
    }
    /**
     * 获得雇员的出生日期
     */
    public Date getBirthday() {
        return birthday;
    }
    /**
     * 获得雇员的联系方式
     */
    public String getMobileTel() {
        return mobileTel;
    }
    /**
     * 返回雇员的字符串表示形式
     */
    public String toString() {
        return "id ： " + id + NEW_LINE +
            "name ： " + name + NEW_LINE +
            "birthday ： " + birthday + NEW_LINE +
            "mobile telephone ： " + mobileTel + NEW_LINE;
```

```
    }
}
```

示例 3.36   SaleItem. java。

```java
import java. sql. Date；
/ *
 * 佣金雇员的销售记录项,用于记录某一次销售情况
 *  @author machunyan
 */
public class SaleItem {
    private String productName；                    //所销售的产品名称
    private double price；            //产品价格
    private int quantity；            //销售数量
    private Date saleDay；            //销售日期
    / **
     * 初始化雇员基本信息的构造函数
     * @param initProductName 所销售的产品名称
     * @param initPrice 产品价格
     * @param initQuantity 销售数量
     * @param initSaleDay 销售日期
     */
    public SaleItem(
            String initProductName，
            double initPrice，
            int initQuantity，
            Date initSaleDay) {
        productName = initProductName；
        price = initPrice；
        quantity = initQuantity；
        saleDay = initSaleDay；
    }
    / **
     * 获得所销售的产品名称
     */
    public String getProductName() {
        return productName；
```

```java
    }
    /* *
     * 返回所销售的产品的单价
     */
    public double getPrice() {
        return price;
    }
    /* *
     * 返回该次出售的产品数量
     */
    public int getQuantity() {
        return quantity;
    }
    /* *
     * 返回此次销售发生的日期
     */
    public Date getSaleDay() {
        return saleDay;
    }
    /* *
     * 返回此销售项的字符串表示形式
     */
    public String toString() {
        return quantity + " " +
            productName + " sold in " +
            saleDay + "at the price of $ " +
            price + " each. ";
    }
}
```

示例 3. 37　DayRecord. java。

```java
import java. sql. Date;
/*
 * 每日的工作记录,保存工作日期、工作时间等基本工作信息
 * @author author
 */
```

```java
public class DayRecord {
    private Date workDay;              //工作日期
    private int hourCount;             //工作时间
    private static final String NEW_LINE = System. getProperty("line. separator");//
    系统的换行符
    / * *
     * 初始化基本属性的构造函数
     * @param workDay 特定的工作日期
     * @param hourCount 在特定日期中雇员工作的时间
     * /
    public DayRecord(Date workDay, int hourCount) {
        super();
        this. workDay = workDay;
        this. hourCount = hourCount;
    }
    / * *
     * 查看当前工作记录所在的日期
     * /
    public Date getWorkDay() {
        return workDay;
    }
    / * *
     * 查看当日的工作时间
     * /
    public int getHourCount() {
        return hourCount;
    }
    / * *
     * 返回此工作记录的字符串表示形式
     * /
    public String toString() {
        return "worked " + hourCount + "hours in " + workDay + NEW_LINE;
    }
}
```

第4章 Javadoc 编写规范

为了实现程序代码的可读性、已研发软件的可重复使用和可维护性，文档是一个完整的程序或者软件必不可缺少的一部分。程序员提供自己所编写代码的说明文档，以使别的程序员不用去研究源代码和实现，就可以使用这些代码。程序员撰写 Java 程序时常用 JDK 的 API，就是根据 JDK 所提供类库的说明文档进行使用的。

在有良好文档的支撑下，软件的维护工作将会极大地简化。当一个软件交付使用时，开发团队就从软件的开发阶段进入维护阶段。软件维护需要极大的工作量，如果没有合格的文档说明，维护人员就必须深入所有源代码去发现和修改问题，这将使维护工作付出很大代价。

通常情况下，一个程序员在编写代码的同时也要编写自身代码的说明文档。然而在说明文档的撰写上，文档本身的维护也是一个很复杂的问题，它要求：

(1)同一个工作团队中的所有说明文档应当具有统一的书写规范。

(2)文档必须与源代码保持同步。

(3)说明文档本身应当具备良好的可读性。

一个 C 语言程序员在编写代码时需要编写大量注释和关于代码的说明文档，并且不停地做源代码与文档之间的同步工作。因此 Java 程序设计要求程序员只要在源代码中按照规范编写具备一定格式(即满足 Javadoc 注释撰写规范)的注释，Javadoc 会自动解析 Java 源文件中的声明和文档注释，并产生 HTML 网页，描述公有类、保护类、内部类、接口、构造函数、方法和域。

4.1 Javadoc 撰写规范

Javadoc 命令是通过解析源文件中的注释生成说明文档的。这就要求程序员在编写注释的时候遵循 Javadoc 规范，这样才能确保注释被正确解析。

可被 Javadoc 命令解析的注释具有以下格式：

单行程序注释格式：

/ * * body text * /

多行程序注释格式：

/ * *
  * body text
  * body text
  * /

Javadoc 将会解析符合规范的注释中的 body text,以获取源文件注释信息。在 body text 描述的注释体中,以"@"符号开始的注释语句将被视为 Javadoc 标签,各式的 Javadoc 标签不仅可以详细地注释源代码,更重要的是作为 Javadoc 命令解析源文件的依据(例如 Javadoc 命令中的"-version"选项需要源文件中的"@version"标签)。如果一行注释中不包含任何标签,则会被作为普通文本输出,文本中允许使用 HTML 标签控制输出内容。

4.2 Javadoc 标签撰写规范

Javadoc 规定,可被解析的标签必须按照以下格式书写:

```
/ * *
 * @标签名［标签参数］［注释体］
 * /
```

标签名:标签的名字通常描述了注释体中的内容,指定了 Javadoc 命令解析此条注释的方式;

标签参数:为可选内容,为标签提供额外信息;

注释体:为可选内容,注释的主体部分或对标签的说明。

虽然所有标签均具有相同格式,但是不同的标签有不同的作用范围。通常在源文件中存在两个标签作用范围:①作用于类;②作用于方法和属性。作用于类的标签通常用于声明版本、作者、日期等信息,需要写在一个类的开头;作用于方法的标签则用于描述某个方法的详细信息,如参数、返回值等,如图 4.1 所示。

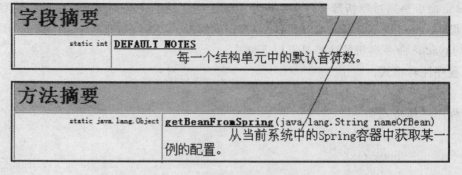

图 4.1 标签和注释的作用域

Java 程序注释常用标签名如下:

(1)@author:作用于类,声明作者信息。该标签不需要标签参数,在注释体中除了标注作者姓名之外,还允许添加作者邮箱等其他适合加入的信息。允许一个类中存在多个 author 标签,列出所有作者,例如示例 4.1。虽然没有强制要求,但是通常该标签是必需的。

(2)@version:作用于类,描述该源文件的版本,用于版本控制。在严格的软件开发流程中版本控制非常重要,对源代码的任何一次修改都要更新其版本号,该标签的使用见示例 4.1。

示例 4.1　Javadoc 注释举例。

```
import java. util. Vector;
/ * *
* 这是一个注释实例。这句话将出现在生成的 Javadoc 中类的说明部分
* @author Author1 author1@ ssd3. com
* @author Author2
* @version 1. 0. 13
* /
public class Test{
    ……
}
```

(3)@param:作用于构造函数和方法,用于描述方法的传入参数。标签参数必须与该标签所描述的方法中的参数名完全一致,注释体对传入参数的作用进行说明(不需要说明传入参数的类型以及其他信息)。注释体允许延续多行。通常情况下,每一个参数都应该有一个说明。

(4)@return:作用于方法,描述方法的返回值信息。该标签不需要标签参数,注释体对方法的返回值进行说明(不需要说明返回值的类型以及其他信息),注释体可以延续数行。

(5)@exception(或@throws):作用于构造函数和方法,描述方法可能抛出的异常。标签参数为完整的异常类名称,注释体用于详细说明在何种情况下通过何种方式调用该方法会抛出标签参数中给定的异常,可以延续数行。

(3)(4)(5)讲述的标签应用举例见示例 4.2。

示例 4.2　Javadoc 注释举例。

```
import java. io. IOException;
/ * *
* 这是一个注释实例。这句话将出现在生成的 Javadoc 中类的说明部分
* @author Author1 author1@ ssd3. com
* @author Author2
* @version 1. 0. 13
* /
```

```java
public class Test {
  / * *
    * 这句话将出现在生成的 Javadoc 中字段摘要部分
    * /
  private int number;
/ * *
    * 这句话将出现在生成的 Javadoc 中方法摘要部分
    * 该方法为 number 设置一个新的值
    * @param newNumber 新的数值
    * @return 原来的数值
    * @throws IOException 如果传入的新的数值为负数,
    * 则抛出 IOException
    * /
public int setNumber(int newNumber) throws IOException {
    if (newNumber < 0) {
        throw new IOException();
    } else {
        int result = number;
        number = initNumber;
        return result;
    }
  }
}
```

(6)@see:作用于类、属性或方法。标签参数为一个特定的字符串,没有注释体。该标签用于标注一个参考对象,该对象可能是另一个类、属性、方法,例如示例 4.3。在生成的 Javadoc 中,标签参数将产生一个 HTML 超链接,指向其他文档或者当前文档中的其他位置。

示例 4.3 @see 标签的举例。

```java
/ * *
 * 创建一个到给定类的链接
 * @see org. ssd3. Test
 * 创建到当前类给定域的链接
 * @see number
 * 创建到给定类的给定方法的链接
 * @see org. ssd3. Test # test
 * /
```

第 5 章　Java 开发工具包(JDK)

　　JDK 是 Java 开发工具包(Java Development Kit)的简称,是整个 Java 的核心,由 Java 运行环境(Java Runtime Environment,JRE)、一系列 Java 开发工具和 Java 基础类库(rt.jar)组成。JDK 自发布起便被 Sun 公司不断升级,目前最高版本是 JDK1.6.13[4]。

　　在开始编写 Java 程序之前需要安装 JDK。JDK 的最新版本可以从 Sun 公司主页(http://www.sun.com)下载,Sun 公司提供了适用于不同操作系统的 JDK 版本。选择适用于当前操作系统的版本下载(一般选择 Windows-i586 版本)。下载完后双击可执行文件进行安装。

　　开始安装时选择安装路径和安装组件(一般使用默认安装,如果使用 JDK1.6.13 版本,则默认路径为 C:\Program Files\Java\ jdk1.6.0_13)。点击下一步,等待安装过程结束即可。

5.1　环　境　变　量

　　当使用命令行窗口执行命令时,会在当前工作路径(指当前用户操作所在的文件夹路径)中搜索目标文件。但是,很多情况下并不需要输入可执行程序的绝对路径也可以直接执行,例如,当在命令行输入"explorer"时会打开资源管理器。这是因为,如果系统没有在当前路径下搜索到目标文件,则会参照系统环境变量搜索相关路径。例如,当在系统环境变量 PATH 中添加 test.bat 的绝对路径时,在任意目录下均可对位于 E:\workplace\test.bat 进行访问,如图 5.1 所示。

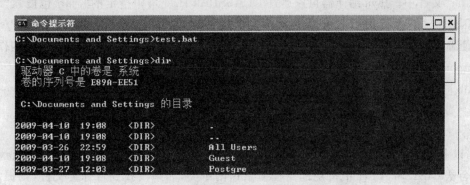

图 5.1　设置环境变量之后直接访问目标文件

在使用 JDK 之前，首先要设置环境变量，因为当编译、执行程序文件时，系统必须能够找到目标文件所在的位置。例如，当在一个类中作如下声明时：

```
import java. util. Vector;
public class Test {
    ……
}
```

希望编译器可以载入 java. util. Vector 类。但是实际上，该类是一个已经编译好的".class"文件，编译器在编译过程中会设法找到该文件并供程序使用。与命令行操作一样，编译器会首先在当前目中录搜索目标文件，如果当前工作路径中不存在目标文件，则编译器会根据环境变量中相关设置进行搜索。

1. PATH 变量

PATH 变量是 Windows 操作系统搜索非系统文件时使用的路径。当从命令行输入"java""javac"等命令时，操作系统会首先在当前工作路径中搜索名为"java""javac"的文件。如果搜索失败，则会转而搜索 PATH 环境变量中指定的路径。因此，为了能够使用 Java 工具包，首要步骤是设置 PATH 环境变量，使其指向 Java 工具所在的路径。通常，PATH 变量会有多个值，每个值之间用";"分割。在目标文件搜索过程中，变量的每个值会按照出现次序被逐一访问。例如，当 PATH 的 value 为 C：\Program Files\；D：\Program Files 时，C 盘下的 Program Files 将会先于 D 盘被访问。

在正常情况下，"java""javac"等可执行文件位于 JDK 安装目录的 bin 文件夹下。例如，当 JDK 的安装路径为 C：\Program Files\java\JDK 时，PATH 路径中应当添加路径 C：\Program Files\java\JDK\bin。

2. CLASSPATH 变量

PATH 变量被操作系统用于搜索可执行文件，然而被 javac 编译的".class"文件通常被打包至".jar"文件中。Java 编译器可以通过 CLASSPATH 变量中指定的".jar"包搜索".class"文件，因此为了正常使用 JDK 提供的类库和其他工具包，需要进一步设置 CLASSPATH 变量，以便编译器能搜索到 Java 程序中出现的相关类。下面举例说明 CLASSPATH 的作用。

```
import java. util. Vector;
public class Test {
    Test2 t2;
}
```

在以上代码中类 Test 用到了 Vector，Test2 两个类。Java 编译器当编译 Test. java 源程序时，会从 CLASSPATH 中指定的路径搜索这两个类，如果没找到目标类文件，则提示编译错误。CLASSPATH 变量的搜索顺序与 PATH 相同。

通常，在 Java 开发中使用最多的是一个 tools. jar 包，该包就是 Java 的类库，其中包含了

Java 的大部分实用类。tools. jar 包位于安装文件夹的 lib 文件夹下。除了 tools. jar 之外,还需要将当前工作路径设置进 CLASSPATH 中,以使编译器可以直接搜索到当前工作路径中的类文件。当前工作路径使用".".表示。例如,JDK 的安装路径为 C:\Program Files\java\JDK 时,CLASSPATH 变量的值应为". ;C:\Program Files\java\JDK\lib\tools. jar;"

5.2　环境变量的设置

环境变量有命令行设置和直接设置两种设置方法。

1.命令行设置

命令行设置格式为:

set varName＝value

例如,当需要设置当前命令行的 PATH 变量时,就可以输入以下命令:

set PATH＝C:\Program Files\java\JDK\bin; %PATH%

上述命令表示在当前 PATH 变量的开头添加一个新的值,以同样的方法可以设置 CLASSPATH 变量。设置结果如图 5.2 所示。

图 5.2　命令行方式设置环境变量

用命令行设置方式的环境变量只对当前命令行有效,当命令行退出时设置即失效。当用直接设置时,如果有命令行窗口在运行,则新的环境变量对其不起作用。重启命令行就使用新的环境变量了。

2.直接设置

打开"我的电脑"的"属性",选择"高级"菜单,点击"环境变量"按钮,然后进入如图 5.3 所示的界面。

在图 5.3 所示的界面中,"系统变量"必须具有管理员权限才能进行操作。普通权限直接在用户变量中执行添加、修改和删除。用户变量被访问的优先权高于系统变量,且不会发生冲突,即当用户变量和系统变量中均存在一个 PATH 变量时,用户变量中的 PATH 会被优先使用。

在用户变量中新建"PATH"和"CLASSPATH"两个变量,点击"确定"按钮结束设置。

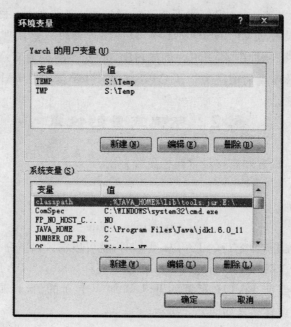

图 5.3　环境变量的设置

5.3　JDK 相关命令

java,javac,jar,javadoc 等几个命令是在 Java 开发中最常用的,这些命令都是存在于 bin 文件夹下的可执行文件,设置 PATH 变量之后可以在命令行中任意工作路径下直接使用,直接输入命令不加任何参数可以查看命令的使用说明。

5.3.1　java 命令

java 命令用于执行 class 文件中的 main 方法,其使用格式为

Usage:java [−options] class [args...]

　　　　　(to execute a class)

　or　java [−options] −jar jarfile [args...]

　　　　　(to execute a jar file)

(1)−options:可选参数,java 命令的附加属性,可以用于定义 java 命令的执行方式。常用的参数有:

1)−?:查看帮助信息,也可以直接输入 java 不带任何参数进行查看。

2)−version,:查看 JDK 版本信息。

3)−cp,:类路径搜索(如果需要执行的目标类文件不在当前工作路径,则需要指定类所在

的位置)。

(2)class:当前工作路径(或者由-cp 指定的路径)下的需要被执行的".class"文件。其中,该参数必须为具有 main 方法的类的类名,其后不需要加任何后缀名。如果目标类中不存在 main 方法,则会抛出执行异常:Exception in thread "main" java. lang. NoSuchMethodError:main。

(3)args:可选参数,表示 main 方法的传入参数,可以是任意字符串。多个参数值之间用空格分隔。例如,当 main 方法被声明如下时:

$$public\ static\ void\ main(String\ args[\ ])$$

参数值被传递进 main 方法中的 args 中。

java 命令也可以用于执行. jar 文件。其前提是,该. jar 文件中指定了 main 方法所在的类,参数的含义与执行".class"文件相同。需要注意的是,jarfile 参数中须包含".jar"文件的后缀名。

示例 5.1　java 命令的使用举例。

执行当前工作路径下的 Test. class:

　　　　java Test

执行 C:\src 下的 Test. class:

　　　　java - cp Test

传入参数:

　　　　java Test value1 value2

执行 Test. jar:

　　　　java - jar Test. jar

5.3.2　javac 命令

javac 命令用于编译".java"文件,根据"CLASSPATH"变量指定的值搜索目标文件中引用的其他".class"文件。直接在命令行输入"javac"可以查看该命令的使用说明。用法如下:

javac [-option] source

(1)-option:可选参数,指定命令的执行方式。如果不选,则按照默认方式编译当前工作路径下的目标文件。常用的参数有:

1)-help:查看帮助信息,与直接输入"javac"命令效果相同。

2)-classpath:如果目标文件中引用的某些类不在 CLASSPATH 变量的值所指定的路径中,则需要通过此参数指定其所在的路径;还表示使用指定的 CLASSPATH 路径编译当前工作路径中的目标文件。

3)-version:查看版本信息。

4)-d:指定被编译的文件存放的位置,该参数在编译使用"package"打包的".java"文件时经常使用。

5)-g:生成调试信息。

（2）source：目标文件的完整文件名，需要大小写匹配并且加上后缀名。如果目标文件不在当前工作路径下，则需要对文件路径进行指定。

示例 5.2 javac 命令的使用举例。

编译当前路径下的 Test.java：

  javac Test.java

编译 C:\src 下的 Test.java：

  javac C:\Test.java

使用 C:\src 作为 CLASSPATH 编译 C:\下的 Test.java：

  javac - cp C:\src C:\Test.java

将所有编译的文件放入 C:\src 文件夹下：

  javac - d C:\src *.java

5.3.3　javadoc 命令

javadoc 命令将".java"文件中的注释信息编译成标准的帮助文档。该命令有许多允许的参数，在此不做详述，仅举例说明其使用方法。

将当前路径下的所有".java"文件，一起生成帮助文档存入 C:\doc 目录下的命令格式如下：

javadoc - d C:\doc *.java

使用这种方法，参与编译的所有类均会出现在一个索引目录中。

5.4　Eclipse 集成开发环境

Eclipse 是一个开源的、基于 Java 的可扩展开发平台，通过插件组件构建开发环境，最初由 IBM 公司开发并于 2001 年贡献给开源社区。Eclipse 自身附带了一个标准的插件集，包括 Java 开发工具（Java Development Tools，JDT）。Eclipse 最新版本可以到 http://www.eclipse.org/下载，无须安装，点击可执行文件直接开始运行，但需要安装 Java 运行时环境 JRE（专为只需要运行 Java 程序而不进行 Java 开发的用户准备的）或 JDK。

5.4.1　工程创建

运行 Eclipse，选择工作区（Workbench）之后，进入工作区开始使用该开发环境开发 Java 程序。Eclipse 中的程序开发以工程为单位，所有类均在某一特定工程（对应一个文件目录）中，因此首先应当创建一个工程。创建工程一共有三个步骤：

（1）第一步，新建工程。

1）方法一（见图 5.4），文件（file）→新建（new）→工程（project）。

2）方法二，直接点击文件菜单下的 new 按钮进行创建。

　　3)方法三,在"Project Explorer"视窗中点击右键,选择新建(new)→工程(project)开始创建。

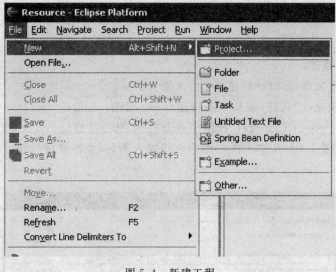

图 5.4　新建工程

　　(2)第二步,选择工程类型。由于只编写普通的 Java 程序,因此在弹出如图 5.5 所示的对话框中选择 Java Project：

图 5.5　选择 Java Project 进行新建

(3)第三步,完成。输入工程名,直接点击界面最下方的Finish按钮,一个空工程创建完成。

5.4.2 创建类

工程创建完成后,就可以开始创建类了。创建类与创建工程类似,有两个步骤。

(1)步骤一,新建类。

1)方法一,选择文件(file)→新建(new)→类(class)。

2)方法二,直接点击"文件"菜单下的新建(new)按钮。

3)方法三,在"Project Explorer"视窗中点击右键,选择新建(new)→类(class)开始创建。

(2)步骤二(见图5.6),在弹出的界面中直接输入类名,点击完成(Finish)按钮创建默认格式的类。

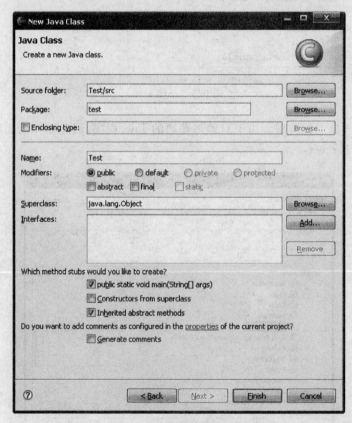

图5.6　创建类的弹出窗口

从图5.6可以看出,Eclipse为类的创建提供了许多选项,其中包括:

1)Source folder:源程序所在的位置。

2)Package:类所属的包,如果不填则该类存在于默认包中。

3)Superclass:该类的直接基类。

4)Interfaces:该类实现的接口。

5)是否提供 main 方法等,几乎封装了大部分类的新建操作。

类创建成功之后,在"Project Explorer"视窗中显示如图 5.7 所示。

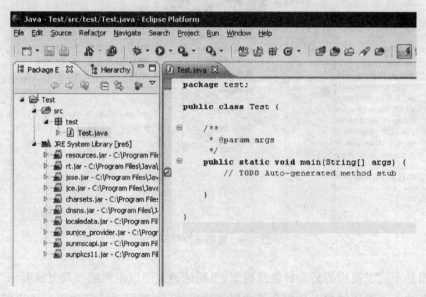

图 5.7 类创建成功的视图

类创建成功后,可以直接在显示类的视窗中编写类代码。Eclipse 不像命令行操作有专门的编译程序,当保存源文件时,就会及时对其进行编译,因此,程序中的编译错误会即时在视图中突出显示。

5.4.3 基本视图

对于同一个工程,Eclipse 允许用户从不同的角度查看工程信息。Eclipse 提供了许多可选视图,如图 5.8 所示,用户可以在开发过程中随时打开不同视图快速完成操作。常用视图有:

(1)Console:控制台视图,类似于命令行,可执行输入、输出操作。

(2)Problems:显示程序中出现的错误或警告信息。

(3)Outline:显示当前文件的结构,如属性、方法列表。

(4)javadoc:显示根据当前文件生成的文档。

新的视图选择后,会在当前窗口中特定的位置显示。Eclipse 中的视图是完全模块化的,视图可被拖拽、合并、放大和缩小,方便用户定制适合自己的开发环境。在视图选择菜单中,点击最下端的 Other 命令可以添加新的视图。

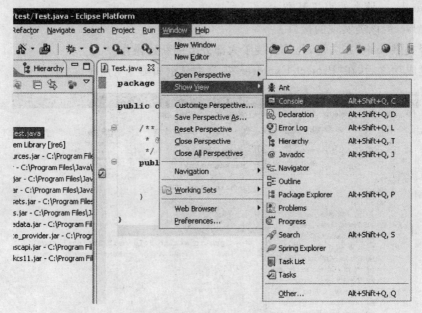

图 5.8　视图选择界面

透视图是不同于视图的另一种表现机制,不同的透视图以不同的布局方式显示工程,并且可以提供专注于不同领域的工具集合以方便用户操作,实现某一特定功能。透视图在执行某些操作(例如 debug)时会自动切换,用户也可以手工切换当前透视图。常用的透视图有 Java,debug,java Browsing 等。

(1)Java:是默认的,是最基本的透视图,也是最常用的透视图。

(2)debug:调试界面,调试窗口提供各种调试工具和源程序代码。

(3)java Browsing:以 Java 代码为中心的另一种编辑方式,可以方便地查看类、包之间的结构和关系。

透视图可使用界面右上角部分的按钮进行切换,如图 5.9 所示。

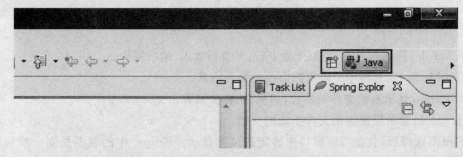

图 5.9　透视图切换按钮

5.4.4　Java 应用程序的执行

Eclipse 中没有针对 Java 程序的专门编译过程,而是在编辑过程中即时编译。编译通过的源文件如果包含 main 方法,就可以直接运行。执行 Java 应用程序有以下方法:

(1)方法一,点击菜单栏上的运行(Run)→运行方式(Run As)→Java 应用程序(Java Application)。

(2)方法二,Ctrl + F11(Run→Run),选择执行方式为 Java 应用程序(Java Application)。

(3)方法三,在源程序视图中点击右键,选择运行方式(Run As)为 Java 应用程序(Java Application)。

用户可以通过上述方式直接运行程序,不用对运行进行配置,所需的一些配置信息是采用 Eclipse 默认的。

用户也可以打开 Run Dialog,在弹出的对话框(见图 5.10)中选择运行配置,步骤如下:

(1)步骤一,点击菜单栏上的运行 Run(或者直接在源程序视图中点击右键,选择 Run As)→Open Run Dialog。

(2)步骤二,选择要配置的运行方式,由于运行的是 Java Application,因此在左面的 Java Application 列表中选择当前需要运行的程序。

(3)步骤三,配置信息,如输入 main 方法参数等,点击 Run 完成并开始运行。

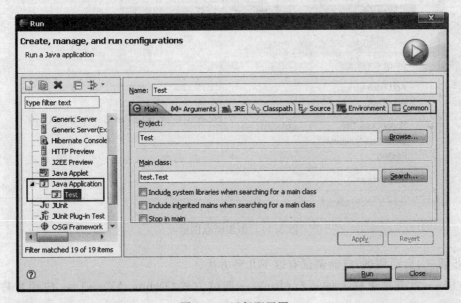

图 5.10　运行配置图

5.4.5　Java 应用程序的调试

如果不使用集成开发环境编写 Java 代码,通常需要在多处使用 System. out. println 语句打印一些中间结果,以对程序进行调试,检查各种逻辑错误。对此,Eclipse 专门提供了调试机制,使程序员可以对 Java 程序进行单步调试,设置断点,查看变量值等操作。

程序调试一般遵循以下步骤:

(1)步骤一,打开调试透视窗。

(2)步骤二,设置断点。双击需要设置断点的行的前段,或者在需要设置断点的行点击右键选择 Toggle BreakPoint 添加,如图 5.11 所示。

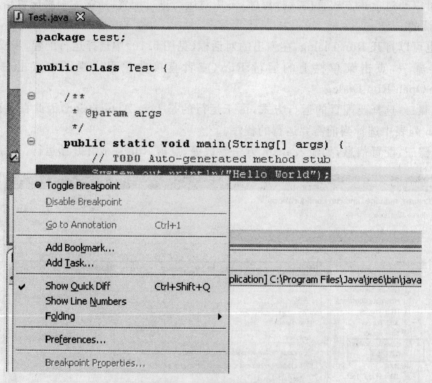

图 5.11　添加断点图示

(3)步骤三:启动调试,启动调试有以下几种方法:

1)方法一,点击菜单栏上的运行(Run)→调试方式(Debug As)→Java 应用程序(Java Application)。

2)方法二,按下 F11(Run→Debug),选择调试方式为 Java 应用程序(Java Application)。

3)方法三,在源程序面板上点击右键,选择调试方式(Debug As)为 Java 应用程序(Java Application)。

4)方法四,与运行一样,直接点击菜单栏下快捷工具栏中的 debug,将会使用默认的调试方式,选择打开调试配置窗口(Open Debug Dialog),可以对调试过程进行配置。

(4)步骤四:观察断点处各变量的值,通过选择菜单项 Window→show View→Variables,就可以弹出 Variables 视窗,通过该视窗可以观察各变量的值,如图 5.12 所示。

图 5.12　变量值的观察视窗

(5)步骤五:逐语句、逐过程调试。启动调试后,程序执行到第一个断点处,然后,可以在 Debug 视窗中,点击 Step Into 进行逐语句调试(快捷键为 F5),或点击 Step Over 逐函数(过程)调试(快捷键为 F6),如图 5.13 所示。

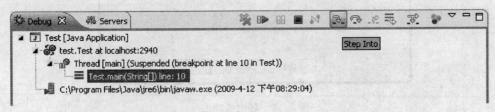

图 5.13　调试视窗中的 Step Into 和 Step Over

5.4.6　生成 Javadoc 文档

Javadoc 是 Java Document 的缩写,指标准的 Java 帮助文档。在命令行模式下,使用 Javadoc 命令可以为当前文件创建帮助文档。帮助文档是由 Java 中的具有一定格式的注释生成的。

Eclipse 也封装了 Javadoc 的生成过程,生成帮助文档的步骤为:

（1）第一步，选择导出。在工程上点击右键，从弹出的菜单中选择导出（Export）。

（2）第二步，选择导出数据类型。在对话框中选择 Java→Javadoc，为当前工程导出帮助文档，点击 Next 进行导出配置，配置窗口如图 5.14 所示。

（3）第三步，配置（Javadoc 程序），完成导出。如果是第一次执行 Javadoc 导出操作，则需要对 Javadoc 程序进行配置，即指定 Javadoc 程序的路径。该程序位于 JDK 安装路径中的 bin 文件夹下。配置完成后点击 Finish 按钮，开始导出。

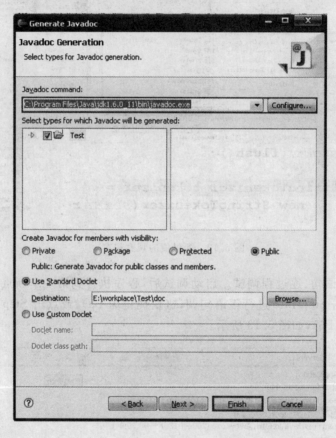

图 5.14 导出选项图

5.4.7 导入".java"文件

有时需要将撰写完整或没有撰写完毕的".java"文件导入当前工程，".java"文件的导入很易实现，仅需将要导入的所有".java"文件复制进剪切板。在工程结构中某一特定的文件夹上点击鼠标右键，选择粘贴（Paste）即可，如图 5.15 所示。

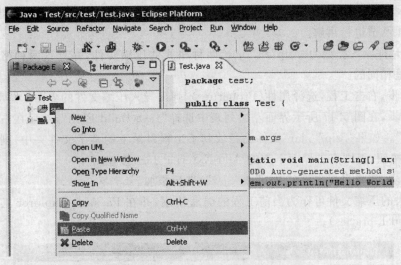

图 5.15　向 src 文件夹中导入".java"文件

5.4.8　导入压缩文件

在编辑工程源文件的过程中,可能需要导入需要的类文件(非 JDK 提供的 Java API 中的类),如图 5.16 所示,在编辑源文件 ShoppingCartApplication.java 的过程中,出现了该图右下方所示的错误信息:ShoppingCart cannot be resolved to a type,这表示编译器无法找到类文件 ShoppingCart.class。此时可以通过两种方式解决无法找到的类的问题。

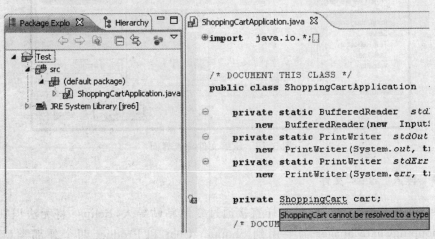

图 5.16　编译错误示例

(1)将相应的类文件放入".zip"或".jar"两种格式的压缩文件中,通过导入压缩文件,来解决无法找到类文件的问题。

（2）通过类文件夹直接导入需要的类文件，也可直接消除无法找到类文件的错误。这部分内容将在 5.4.9 节进行讲解。

Eclipse 允许导入类型为".zip"和".jar"两种格式的压缩文件，并且这两种格式压缩文件的导入方法是相同的。

（1）第一步，右击工程，选择属性（Properties），弹出导入压缩文件的界面如图 5.17 所示。

（2）第二步，在图 5.17 所示界面左边列表中选择"Java Build Path"，然后在右侧菜单中选择"Libraries"。如果".zip"".jar"文件已经放到了工程目录下的某个文件夹中，则在界面中选择 Add Jars 按钮，否则点击界面下方的 Add External Jars 按钮。

（3）第三步，选择目标文件（".zip"或".jar"）进行添加。

成功导入的压缩文件可作为当前工程的类库使用，并在 Package Explorer 工程视图里显示（Referenced Libraries）。

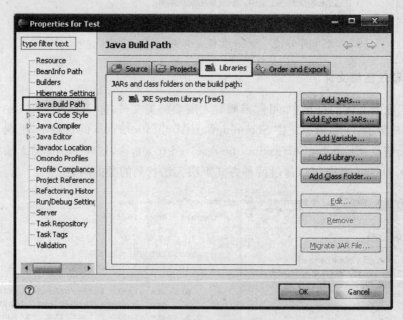

图 5.17　压缩文件导入界面

5.4.9　导入".class"文件

".class"文件若像".java"文件一样直接通过复制粘贴导入，Eclipse 将无法识别。例如，源程序 ShoppingChatManager 需要用到 ShoppingChat 和 Product 两个外部类（已编译的".class"文件），在新建工程中允许直接通过复制粘贴导入没有撰写完毕的"ShoppingChatManager.java"文件，但是不能直接复制粘贴所需的"ShoppingChat.class"和"Product.class"。

如 5.4.8 节所述，常见的导入外部".class"文件的方法有两种。第一种方法是将所有的类文件打包至".zip"或者".jar"文件中,然后使用压缩文件的导入方法导入(5.4.8 节已详述)。第二种方法是导入类文件夹,步骤如下:

(1)第一步,将需要导入的外部".class"文件放入一个单独的文件夹中。

(2)第二步,右击工程,选择属性(Properties),弹出如图 5.18 所示界面。

(3)第三步,在图 5.18 所示界面的左边列表中选择"Java Build Path",在右侧菜单中选择"Libraries",然后点击右侧的 Add Class Folder,弹出如图 5.19 所示的界面。

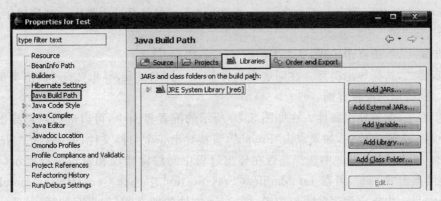

图 5.18　外部 class 文件夹添加界面

(4)第四步,在图 5.19 所示的界面中,点击"Advanced",选中"link to folder in the file system"。

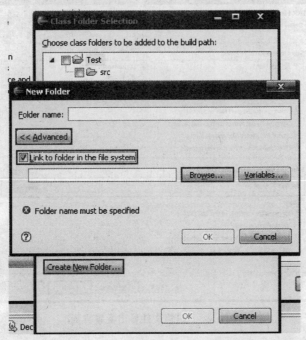

图 5.19　外部".class"文件的链接界面

(5)第五步,通过点击图 5.19 所示的"Browse…"按钮,选择需要被导入的".class"文件所在的目录,点击"确定"按钮,完成导入过程。

5.4.10　生成 Java 压缩包

Java 压缩包(Java Archive File,JAR)是一种包含了应用于 Java 程序的特殊文件归档的文件类型,在可执行的".jar"包中,包含的特殊文件指明了 main 方法所在的类,Java 虚拟机通过搜索 main 方法执行程序。不包含 main 方法的".jar"包就是一个类库。按照以下步骤可以导出一个".jar"包。

(1)步骤一,右键点击工程,选择"导出(Export)"。

(2)步骤二,选择导出类型。在列表中选择 Java→JAR File,导出".jar"归档类型文件,弹出如图 5.20 所示的配置界面。

(3)步骤三,配置导出属性。在如图 5.20 所示的配置界面中,可以选择需要导出的内容、导出路径等。配置完成后,如果点击"Finish",直接导出一个归档文件;如果点击"Next",可以在 Java Packaging Options 中选择是否在导出过程中对编译错误和警告进行提示(根据需要选择);继续点击"Next",可在 Jar Manifest Specification 中选择 Generate the manifest,在下面的 Main class 中指出程序的入口位置,即 main 方法的所在类(如果有的话)。完成导出,如果设置了 main 方法所在类,则在任何支持 Java 的平台下,该".jar"文件都可以被直接双击运行。

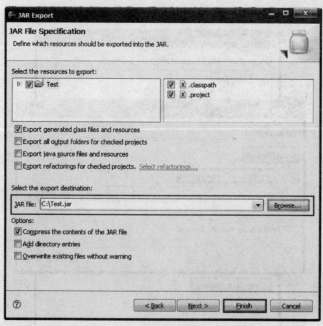

图 5.20　归档文件导出配置界面

第 6 章 Java 的异常处理机制

程序的错误通常包括语法错误(指程序的书写不符合语言的语法规则,这类错误可由编译程序发现)、逻辑错误(指程序设计不当造成程序没有完成预期的功能,这类错误通过测试发现)和运行异常(指由程序运行环境问题造成的程序异常终止,如打开不存在的文件进行读操作,程序执行了除以 0 的操作)。

在 Java 程序设计语言中,可恢复的 Java 运行错误称为异常。导致程序运行异常的错误是可以预料的,但它是无法避免的。为了保证程序的健壮性(Robust),必须在程序中对它们进行预见性处理。Java 为程序员提供了异常处理机制,能够把程序的正常处理逻辑和异常处理逻辑分开表示,使得程序的异常处理结构比较清晰,对于程序运行可能发生的每一个错误,都有一个相应的代码块去处理它。

Java 异常处理的基本框架由关键字 throw,iry-catch 和 throws 构成。本章分别对其含义进行阐述。

6.1 问题的提出

对于传统 C 语言编写的程序,通常用 if-else 语句判断程序可能发生的每个错误,进行异常处理。例如,对于从控制台读取并返回整数的伪代码如示例 6.1 所示。

示例 6.1 返回整数方法的伪代码 I。

```
int readInteger () {
    Read a string from the standard input//从标准输入设备读一个字符串
    Convert the string to an integer value//将读取的字符串转换为一个整型
    Return the integer value//返回整型值
}
```

上述程序在执行过程中,当从标准输入设备读一个字符串时可能发生故障,而且,将读取的字符串转换为一个整型值的过程中也可能发生故障。为了实现在相关程序段对读取的数据添加合法性判定机制,截获用户的非法输入并且给出提示信息,以使用户可以从错误中恢复,提高程序的健壮性,传统的做法如示例 6.2 的伪代码所示。

示例 6.2 返回整数方法的伪代码 II。

```
int readInteger () {
    while (true) {
```

```
read a string from the standard input；//从标准输入设备读一个字符串
if（read from the standard input fails）{//合法性检验
    handle standard input error；
} else {
        convert the string to an integer value；//将读取的字符串转换为一个整型
        if（the string does not contain an integer）{//合法性检验
            handle invalid number format error；
        } else {
                return the integer value；//返回整型值
        }
    }
}
```

示例 6.2 所示的程序段是程序员写 C 语言程序时最为常见的异常处理模式之一。可以看到，增加了合法性检验的程序长度增加了近 1 倍，而且真正执行初始化操作的业务逻辑代码（示例 6.2 中黑体字标示的部分）与合法性验证代码杂乱地穿插在一起，极大地降低了程序的可读性和可维护性，也在很大程度上降低了代码的执行效率。熟练的程序员为了提高程序的可读性，通常会将与方法体业务逻辑无关的代码转移至其他的程序块中实现，这样可以在一定程度上优化代码的结构。但是实际上，这样做远远没有解决由于合法性验证所带来的问题。传统的这种错误的处理方式对于大型、稳定以及可维护性的程序发展是一个重大束缚。

针对从控制台读取并返回整数的程序，Java 处理异常的方式如示例 6.3 所示。可以看出，Java 的异常处理机制能够把程序的正常处理逻辑（黑体字标示的部分）和异常处理逻辑（斜体字标示的部分）分开表示，使得程序的异常处理结构比较清晰，可以避免传统错误处理的缺陷。

示例 6.3　Java 异常处理机制示例。

```
int readInteger（）{
    while（true）{
        try {
            read a string from the standard input；
            convert the string to an integer value；
            return the integer value；
        } catch（read from the standard input failed）{
            handle standard input error；
        } catch（the string does not contain an integer）{
            handle invalid number format error；
```

```
        }
    }
}
```

6.2　throw 关键字

Java 中所有的操作都是基于对象的(除了基本数据类型),异常处理也不例外,异常信息由异常对象描述。当操作在执行过程中遇到异常情况时,将异常信息封装为异常对象,然后抛出,抛出的异常对象将传递给 Java 运行系统(JVM)。

抛出异常的方法非常简单,直接使用 throw 关键字加一个异常对象就可以实现,如示例 6.4 所示,黑体字描述的是抛出带有描述信息(即"Number not positive")的异常类 OutOfRangeException 的对象,表示发生了负数异常。throw 关键字出现在类的操作体中,用于抛出异常。

示例 6.4　throw 关键字的运用。

```
Private PositiveInteger(int initialVa) throws OutOfRangeException {
    if (initialVa < 0) {
        throw new OutOfRangeException("Number not positive");
    } else {
        value = initialValue;
    }
}
```

抛出异常的目的是为了说明在操作的某处出现了未知的错误,需要程序员对该错误进行判断、捕获和处理。

6.3　try-catch 关键字

一个异常可能出现在任何操作中,并且可能由任何未知原因导致。因此,程序员在设计程序的过程中对可能发生的异常进行捕获和处理十分重要。一个健壮的程序要求用户在执行程序的过程中,遇到异常发生时可以从错误状态中恢复,Java 所提供的异常处理机制为错误情形的恢复提供了一种解决方案。

1. try-catch 语法

Java 异常处理机制的基本思想是,将业务逻辑代码与错误恢复代码通过异常捕获分隔成不同的代码块。为了达到这个目的,Java 使用 try-catch 代码块区分业务逻辑代码和异常处理代码。如果一个操作可能抛出异常,并且该操作选择处理异常,那么该操作必须包含相应的

try-catch 块,其语法如示例 6.5 所示。

示例 6.5 try-catch 语法。

```
try {
    //正常的业务逻辑代码
} catch (Type1 id1) {
    //处理 Type1 类型的异常
} catch (Type2 id2) {
    //处理 Type2 类型的异常
}
    ......
```

一个 try 代码块是由关键字 try 后跟一对大括号中的代码块构成,大括号中的代码块是可能抛出异常的业务逻辑代码,表示程序会尝试执行代码块的每一条语句,在执行过程中可能有某条语句抛出异常。

try 代码块之后可以紧跟一个或多个 catch 代码块,catch 代码块用于捕获 try 代码块中可能抛出的异常。对于 catch 代码块,紧跟在 catch 关键字后的一对小括号中是定义具体被捕获的异常类型。在结束小括号之后的大括号中包含了用于从异常中恢复的代码(即处理异常的代码)。

2. 含有 try-catch 操作的执行流程

程序执行进入 try 代码块中,会对其中的语句逐条执行,如果 try 代码块中的代码在执行时没有异常发生,所有的 catch 代码块会被跳过,并继续执行最后一个 catch 代码块之后的程序代码。

如果执行 try 代码块时 JVM 抛出一个异常,try 代码块的执行在抛出异常的那行代码中止,然后 JVM 自上而下地检查 catch 关键字后声明的与异常类型和抛出的异常类型匹配的 catch 子句,这分为下述两种情况:

(1)如果 JVM 找到匹配的 catch 子句,程序立即进入该 catch 代码块中去执行,而其他的 catch 代码块将被忽略。在多个 catch 子句匹配的情况下,仅执行第一个匹配的 catch 代码块。在匹配的 catch 子句执行完毕后,将继续执行最后一个 catch 代码块之后的程序语句。

(2)如果 JVM 在抛出异常的操作体内没有找到匹配的 catch 子句,那么说明该操作有可能抛出某类异常,但是未捕捉相应的异常对象。在这种情况下,操作将异常对象抛出给调用它的方法,依此类推,直到被捕捉。如果被调用的方法都没有捕捉该异常对象,异常可能一路往外传递直达 main()而未被捕捉,则运行时系统将终止,相应的 Java 程序也将退出,最后会在命令行窗口报告抛出的异常信息。

由于捕捉异常的顺序和不同 catch 语句的顺序有关,当捕获到一个异常时,剩下的 catch 语句就不再进行匹配,因此当安排 catch 语句的顺序时,首先应该捕获子类异常,然后再逐渐一般化,进一步捕获基类型的异常。尽量避免用"懒惰"的方法去捕获最通用的 Exception 异常类型,因为捕获的异常类型越具体,用于恢复和处理异常的代码就越具体。

示例 6.6 是一个实现从控制台读取一个整数的类,对于类内的方法 readInteger,虽然没有直接出现 throw 关键字抛出相应的异常,但是,Integer. parseInt ( ) 会抛出 NumberFormatException 类型的异常,stdIn. readLine()会抛出 IOException 类型的异常,因此,方法在执行时可能抛出上述两类异常。方法 readInteger 针对可能抛出的这两个异常选择进行处理,所以,其代码中将完成正常业务逻辑操作放在 try 块内,并提供了相应的 catch 块。

示例 6.6　读取整数的方法。

```
import java. io. * ;
/ * *
 * 该类提供了从控制台读取一个整数的方法
 * @author author name
 * @version1. 0. 0
 * /
public class IntegerReader  {
  private static BufferedReader  stdIn = new BufferedReader(new InputStreamReader
  (System. in));
  private static PrintWriter  stdErr =  new PrintWriter(System. err, true);
  private static PrintWriter  stdOut = new PrintWriter(System. out, true);
   / * *
    * 测试方法 readInteger
    * @param args  not used.
    * /
  public static void main (String[] args) {
      stdOut. println("The value is: " + readInteger());
  }
  / * *
   * 从控制台读取一个整数
   * @return the <code>int</code> value.
   * /
  public static int  readInteger()  {
      do  {
        try  {
            stdErr. print("Enter an integer >   ");
            stdErr. flush();
            returnInteger. parseInt(stdIn. readLine());
```

```
        } catch (NumberFormatException   nfe) {
            stdErr. println("Invalid number format");
        } catch (IOException   ioe) {
            ioe. printStackTrace();
            System. exit(1);
        }
        stdOut. println("running after catch");
        stdOut. println("———————————————");
    } while (true);
    }
}
```

若执行示例 6.6 所描述的程序,输入 2,程序的运行结果如示例 6.7 所示。示例 6.6 所描述的程序,输入 e 和 2,程序的运行结果如示例 6.8 所示。由此可以看出含有 try-catch 操作程序的执行流程。

示例 6.7 示例 6.6 程序的执行结果 I。

D:\bookExample>javac IntegerReader. java

D:\bookExample>java   IntegerReader

Enter an integer ＞   2

The value is：2

示例 6.8 示例 6.6 程序的执行结果 II。

D:\bookExample>java   IntegerReader

Enter an integer ＞   e

Invalid number format

running after catch

———————————————

Enter an integer ＞   2

The value is：2

6. 4   异常类和 throws 关键字

6.4.1   异常类

异常类的基类是 Throwable,它有两个直接的子类:Exception 和 Error。Error 是可能在程序运行过程中发生的严重(不可修复的)错误,如动态链接失败、虚拟机错误等。它不属于 Java 程序考虑的问题范畴,更不可能被程序捕获。当一个 Error 发生时唯一能做的就是等待虚拟机崩溃。程序员可以预测并且控制的所有异常均继承至 Exception 类,因此,程序员需要关心的是异常类 Exception 的直接或间接子类。

Throwable 类的常用可执行操作如表 6.1 所示。

表 6.1　Throwable 类的常用可执行操作

返回类型	操作的功能
String	getMessage()返回此 Throwable 对象的详细消息字符串
void	printStackTrace() 将此 Throwable 对象及其追踪输出至标准错误流
String	toString()返回此 Throwable 对象的简短描述

Exception 类直接继承至 Throwable 类,因此也可使用上述方法。通常,在捕获到异常对象后,会调用上述方法打印异常对象的相关信息,例如示例 6.6 所示 readInteger 方法。

示例 6.9 演示了上述方法的功能和使用,其运行结果如示例 6.10 所示,方法 printStackTrace 的输出结果表示在源程序中,第 11 行的 main 方法中的语句调用了方法 g,第 6 行的 g 方法中的语句调用了方法 f,第 3 行的 f 方法中的程序语句抛出了 java. lang. Exception 类型的异常,"This is my test Exception"是异常信息的描述。

示例 6.9　异常类方法的调用。

```java
public class ExceptionMethods {
    public static void f() throws Exception {
        throw new Exception("This is my test Exception");
    }
    public static void g() throws Exception {
        f();
        System. out. println("the code after f() call");
    }
    public static void main(String[] arg) {
        try {
            g();
            System. out. println("the code after g() call");} catch(Exception e) {
            System. out. println("caught exception here    ");
            System. out. println("e. getMessage():   "+e. getMessage());
            System. out. println("e. toString:   "+e. toString());
            System. out. println("e. printStackTrace:   ");
            e. printStackTrace();
        }
```

```
        }
    }
```

示例 6.10 示例 6.9 程序的运行结果。

D:\bookExample>java ExceptionMethods

caught exception here

e. getMessage()： This is my test Exception

e. toString： java. lang. Exception：This is my test Exception

e. printStackTrace：

java. lang. Exception：This is my test Exception

　　　　at ExceptionMethods. f(ExceptionMethods. java：7)

　　　　at ExceptionMethods. g(ExceptionMethods. java：12)

　　　　at ExceptionMethods. main(ExceptionMethods. java：21)

继承至 Exception 的异常类分为两种：检测异常（Checked Exception）和非检测异常（Unchecked Exception）。非检测异常是指所有以 RuntimeException 为基类的异常类，如果一个异常类是 Exception 类的子类，而不是 RuntimeException 类的子类，则该异常是检测异常。

6.4.2　throws 关键字

检测异常需要被程序员关注、捕获并且处理，Java 编译器会检查程序是否捕获或者声明抛弃检测异常。如果在一个方法体中可能抛出一个检测异常，并且在该方法体内部没有针对该异常的处理代码段（即没有 try-catch 块），则在该方法的声明部分必须通过关键字 throws 对将要抛出的异常进行声明。例如，对于示例 6.6 稍作修改，即去掉相应的 try-catch 块，就形成示例 6.11。

示例 6.11　读取整数的方法。

```java
import java. io. * ;
/* *
* 该类提供了从控制台读取一个整数的方法
* @author author name
* @version1. 0. 0
*/
public class IntegerReader ｛
    private static BufferedReader  stdIn = new BufferedReader(new InputStreamReader
    (System. in));
    private static PrintWriter  stdErr =  new PrintWriter(System. err, true);
    private static PrintWriter  stdOut = new PrintWriter(System. out, true);
```

```
/ * *
 * 测试方法 readInteger
 * @param args   not used.
 */
public static void main（String[] args）{
    stdOut. println("The value is：" + readInteger（））;
}
/ * *
 * 从控制台读取一个整数
 * @return the ＜code＞int＜/code＞ value.
 */
public static int   readInteger（）  {
    do   {
        stdErr. print("Enter an integer ＞    ");
        stdErr. flush（）;
        return Integer. parseInt(stdIn. readLine（））;
    }   while（true）;

}
```

编译示例 6.11 中的程序，其结果如示例 6.12 所示，黑体部分是错误信息。readInteger（）方法可能抛出 IOException 和 NumberFormatException 异常，由于 IOException 是检测异常，readInteger（）方法需要捕获或声明抛出，编译器发现 readInteger（）方法没有这样做，因而编译时会报告语法错误。而 NumberFormatException 是非检测异常，readInteger（）方法可以对其不捕获也不声明。

示例 6.12　示例 6.11 的编译结果。

D：\bookExample＞javac IntegerReader. java

IntegerReader. java：38：**unreported exception java. io. IOException；must be caught or declared to be thrown**

　　　　　　　return Integer. parseInt(stdIn. readLine（））;

1 error

如果对示例 6.11 中的 readInteger（）方法的声明进行修改，通过 throws 关键字将 IOException 异常抛出，则编译不会报错，readInteger（）方法的声明格式如下所示：

public static int   readInteger（）throws IOException {

　//方法体

}

一个方法体可能会抛出多个检测异常,因此也可能需要通过 throws 关键字对多个检测异常进行声明。在这种情况下,throws 关键字后多个抛出的检测异常之间用逗号隔开即可。

从现在开始,当撰写类方法体时,应该注意方法体内的程序语句是否抛出异常,如果方法体的业务逻辑代码可能抛出异常,则要考虑它们抛出什么类型的异常,根据用户需求,进一步考虑应该如何处理相应的异常,即应该捕获什么类型的异常,应该抛出什么类型的异常。

尽管,程序员对于方法体中可能发生的非检测异常(继承 RuntimeException 的异常)可以不做任何处理(捕获或通过 throws 声明抛出),但是,很多时候程序员选择对非检测异常进行处理,以增强程序员所编写代码的健壮性。例如,对于数据格式异常 NumberFormatException,程序员经常会选择捕获该类异常以提示用户输入有效数据。一般情况下,非检测异常所代表的是编程上的错误,即在应用程序变成产品以前的构建时期应该防止的设计缺陷,可能是无法捕捉的错误(例如函数收到客户端传来的一个空引用(null reference)),或者是作为程序员应该在自己的程序代码中检查的错误(例如,数组越界异常:ArrayIndexOutOfBoundException)。将某些异常归类为非检测异常,非常有助于程序员侦错(例如,空指针引用异常:NullPointerException)。

6.5 自定义异常

除了 Java 类库中提供的异常类型外,用户为了精确地描述发生的故障信息,也可以自己定义异常类型。用户自定义的异常类型可以继承 Exception,表示定义的异常类型为检测异常,也可以继承 RuntimeException,表示定义的异常类型为非检测异常。

示例 6.14 中类 Employee 记录了公司员工的姓名、年龄两个基本属性。为了能够通过邮寄或者银行转账的方式给员工发放薪水,该类中还保存了员工的邮政地址和银行账号;同时,还提供一个薪水开始计算的日期,为公司计算该员工的薪水提供方便。因此,该类具有 name,age,startTime,mailAddress,bankAccount 5 个属性,其中 age 为整型,startTime 是一个专门用于记录日期类 Date 的实例,其余属性的类型均为字符串。通过类的构造函数传入字符串对该类的属性进行初始化。在此约定传入字符串满足如下格式:

姓名_年龄_年一月一日_邮政地址_银行账号

按照五个属性出现的次序传入 5 个词汇单元,分别对应该类的五个属性;词汇单元之间使用下画线链接;与 age 对应的字符串是一个合法的整数;与 startTime 对应的字符串中有三个合法整数,分别对应年、月、日,中间用连字符连接;所有的字符单元内不能出现下画线。合法的数据为

David_25_2007-7-21_NewYork:Ware Street No. 18_BI243306092

如果用户输入的字符串按下画线分割后的单词个数少于或大于 5 个,则抛出自定义检测异常 LackOfStringUnionException,该异常的定义如示例 6.13 所示。

示例 6.13 自定义异常类。

```
public class LackOfStringUnionException extends Exception {
    public LackOfStringUnionException() {
        super();
    }
    public LackOfStringUnionException(String message) {
        super(message);
    }
}
```

对于 java. lang. Integer 的 valueOf 方法抛出的非检测异常 NumberFormatException 和 java. sql. Date 的 valueOf 方法抛出的非检测异常 IllegalArgumentException, 选择在 main 方法中进行捕获, 可以让用户知道自己的输入错误导致程序不能完成功能, 希望其继续输入有效数据, 使程序不至于中止运行。而相应属性初始化的构造函数 Employee() 则选择将异常 LackOfStringUnionException 抛出, 以提示调用该方法的用户, 并将处理该异常的权利交给用户。另外, 从控制台读取雇员信息可能会抛出 IOException, main 方法也选择将其抛出。

示例 6.14　自定义异常类应用案例 Employee. java。

```
import java. util. * ;
import java. io. * ;
/* *
* 建模雇员信息的类
* @author lyj
* @version 2.0
*/
public class Employee {
    private String name;
    private int age;
    private Date startTime;
    private String mailAddress;
    private String bankAccount;
    private static PrintWriter stdOut = new PrintWriter(System. out, true);
    private static BufferedReader stdIn = new BufferedReader(new InputStreamReader
    (System. in));
    public Employee(String initData) throws IllegalArgumentException,
            LackOfStringUnionException, NumberFormatException {
        // 以下画线为分隔符分割传入的字符串
        StringTokenizer st = new StringTokenizer(initData, "_");
```

```
        String validator;
        // 首先,判断可用的字符单元数
        if (st. countTokens() ! = 5) {
            // 手工抛出检测异常
            throw new LackOfStringUnionException();
        }
        for (int i = 0; st. hasMoreElements(); ++i) {
        // 对每个属性分别赋值
        switch (i) {
        case 0:
            name = st. nextToken();
            break;
        case 1:
            age = Integer. valueOf(st. nextToken());
            break;
            // java. sql. Date 类允许将格式为 yyyy-mm-dd 的字符串直接转
            //化为 java. util. Date 对象
        case 2:
            startTime = java. sql. Date. valueOf(st. nextToken());
            break;
        case 3:
            mailAddress = st. nextToken();
            break;
        case 4:
            bankAccount = st. nextToken();
            break;
        default:
            break;
            }
        }
    }
    public String toString() {
        // 读取每个属性的内容并按照一定格式输出
        return (name + "/" + age + "/" + startTime + mailAddress + "/" +
        bankAccount);
```

```
        }
    public static void main(String[] args) throws IOException {
        // main 方法实际上实现了将数据读入,并且将所有的下画线替换为"/"
        Employee employee = null;
        while (employee == null) {
            try {
                stdOut. println("请输入雇员的基本信息,正确的数据格式为:姓名_年
                龄_年-月-日_邮政地址_银行账号");
                // 构造方法中声明了三种可能的异常
                employee = new Employee(stdIn. readLine());
                // 如果构造成功,则执行输出操作
                System. out. println(employee);
                // 输出结果为:David/25/2007-07-21NewYork:Ware Street
                // No. 18/BI243306092
            } catch (LackOfStringUnionException losue) {
                System. out. print("参数个数太少,");
                System. out. println("正确数据格式为:String_int_int-int-int_
                String_String,请重新输入。");
            } catch (NumberFormatException nfe) {
                nfe. printStackTrace();
                System. out. println("给定年龄不是有效的,请检查输入。");
            } catch (IllegalArgumentException iae) {
                iae. printStackTrace();
                System. out. println("给定日期不是标准日期格式(yyyy-mm-dd),
                请检查输入。");
            }
        }
    }
}
```

编译并执行示例 6.14 中的程序,如果从控制台给定的输入字符串为"David_Jones_
2007-7-21_NewYork:Ware Street No. 18_BI243306092",很明显,第一个下画线之后的
"Jones"不是一个合法的整数。在控制台将得到示例 6.15 所示的输出结果。

示例 6.15　示例 6.14 的运行结果。

请输入雇员的基本信息,正确的数据格式为:姓名_年龄_年-月-日_邮政地址_银行账号

David_Jones_2007-7-21_NewYork:Ware Street No. 18_BI243306092 java. lang. NumberFormatException：For input string："Jones"

at java. lang. NumberFormatException. forInputString（NumberFormatException. java：48）

at java. lang. Integer. parseInt（Integer. java：447）

at java. lang. Integer. valueOf（Integer. java：553）

at Employee. ＜init＞（Employee. java：41）

at Employee. main（Employee. java：75）

给定年龄不是有效的,请检查输入。

请输入雇员的基本信息,正确的数据格式为:姓名_年龄_年－月－日_邮政地址_银行账号

示例 6.15 所示的控制台上信息是一个异常的主体,其中包括异常类型、异常描述以及异常产生位置。这些信息被称为异常的 stackTrace,通常作为检查程序逻辑错误和漏洞的最有效资料。

第7章 继承关系的Java编程实现

7.1 继承关系的实现

7.1.1 Java继承的基本语法

1. 继承的语法

在Java语言中,通常将被继承的类称为基类或超类(superclass),继承后得到的类称为派生类或子类(subclass)。

继承的语法结构如下:

类访问限定符 子类名 extends 基类名

其中,子类名和基类名除不能同名以外,可以是任意合法的类名。关键字extends代表子类继承于基类,在Java中不允许类的多继承,即extends关键字后面只能跟一个基类。

子类自动继承基类除构造方法外的所有属性和方法,例如示例7.1和示例7.2。子类Employee自动继承了基类Person的属性name和address及方法getName和getAddress。这样,对于子类Employee而言,它就有三个属性name,address,salary和三个方法getName,getAddress,getSalary。

示例7.1 继承的基本应用:基类Person。

```
/*
 * 该类建模一个人
 * @author author name
 * @version1.0.0
 */
public class Person   {
    /* 人的名字 */
    private String   name;
    /* 人的住址 */
    private String   address;
    /*
     * 构造函数
```

```
        *
        * @param initialName 初始化人的名字
        * @param initialAddress 初始化人的住址
        */
    public Person (String initialName，String initialAddress) {
        name = initialName;
        address = initialAddress;
    }
    /* *
      * 返回人的名字
      * @return 人的名字
      */
    public String getName() {
        return name;
    }
    /* *
      * 返回人的住址
      * @return 人的住址
      */
    public String getAddress() {
        return address;
    }
}
```

示例 7.2 继承的基本应用：子类 Employee。

```
/* *
 * 建模雇员的类
 * @author author name
 * @version1. 0. 0
 */
public class Employee extends Person   {
    /* 雇员薪水 */
    private double salary;
    /* *
      * 构造函数
      *
```

```
 * @param initialName 初始化雇员的名字
 * @param initialAddress 初始化雇员的地址
 * @param initialSalary 初始化雇员的薪水
 */
public Employee (String initialName, String initialAddress,
    double initialSalary) {
    super(initialName, initialAddress);
    salary = initialSalary;
}
/* *
 * 返回雇员的薪水
 * @return 雇员薪水
 */
public double getSalary() {
    return salary;
}
/* *
 * 更新雇员的薪水
 * @param newSalary 更新的薪水
 */
public void setSalary(double newSalary) {
    salary = newSalary;
}
}
```

　　基类中公有的成员,在被继承的子类中仍然是公有的,而且可以在子类中随意使用。基类中的私有成员,在子类中也是私有的,子类的对象不能存取基类中的私有成员。一个类中的私有成员,不允许外界对其做任何操作,这样就达到了保护数据的目的。如果既需要保护基类的成员(相当于私有的),又需要让其子类也能存取基类的成员,那么基类成员的可见性应设为保护的。拥有保护可见性的成员,只能被具有继承关系的类进行操作。所以,子类虽然继承了基类的访问权限为 private 的成员变量和方法,但是子类不能直接访问它们,而是通过从基类继承的 public 或 protected 访问权限的方法修改或访问该私有属性。例如,分别在示例 7.1 中的 Person 类和示例 7.2 中的 Employee 类中增加方法 toString,如示例 7.3 和示例 7.4 所示。在 Employee 类中增加的 toString 方法中,直接访问了从基类 Person 继承的私有属性 name 和 address,当分别编译并增加了 toString 方法的源文件 Person. java 和 Employee. java 时,就会报错,如示例 7.5 所示的编译结果。

示例 7.3　Person 类中增加方法 toString。

```
/ * *
 * 返回代表人的属性信息的字符串
 * @return 代表人的属性信息的字符串
 */
public String toString() {
    return "name：" + name + "_address：" + address;
}
```

示例 7.4　Employee 类中增加方法 toString。

```
/ * *
 * 返回代表雇员的属性信息的字符串
 * @return 代表雇员的属性信息的字符串
 */
public String toString() {
    return "name：" + name + "_address：" + address + "_salary：" + salary;
}
```

示例 7.5　示例 7.1 和示例 7.2 分别增加了 toString 方法的编译结果如下。

```
G:\test\源码演示＞javac Employee. Java
Employee. Java：36：name has private access in Person
return "name：" + name + "_address：" + address + "_salary：" +
    salary;
Employee. Java：36：address has private access in Person
        return "name：" + name + "_address：" + address + "_salary：" +
        salary;

2 errors
```

为了避免上述编译中出现的错误，可以在示例 7.4 中 Employee 类中增加的方法 toString 修改为示例 7.6。

示例 7.6　Employee 类中增加的方法 toString（正确方式）。

```
/ * *
 * 返回代表雇员的属性信息的字符串
 * @return 代表雇员的属性信息的字符串
 */
public String toString() {
    return "name：" + getName() + "_address：" + getAddress() + "_
        salary：" + salary;
```

　　}

2. 继承与 super 关键字

　　子类不能继承基类的构造函数,但子类可以使用 super 关键字调用基类的构造函数,即对于基类包含参数的构造函数,派生类可以在自己的构造方法中使用 super 关键字来调用它,但这个调用语句必须是派生类构造方法的第一个可执行语句。调用基类的构造函数的格式为 super([paramlist]),例如示例 7.1 中类 Employee 的语句 super(initialName, initialAddress),就是调用基类的有参构造函数 Person(String initialName, String initialAddress)。

　　程序员也可以使用 super 关键字调用基类的其他方法(非构造方法),以便重用基类中方法的功能,使撰写的代码更简洁。调用基类一般方法(非构造方法)的格式为 super. method([paramlist]),在类 Person 增加 toString 方法的基础上,可以使用 super 关键字,将示例 7.6 用示例 7.7 代替,显然示例 7.7 的代码更简洁。

　　示例 7.7　使用 super 关键字实例。

```
/* *
  * 返回代表雇员的属性信息的字符串
  * @return 代表雇员的属性信息的字符串
  */
public String toString() {
    return super. toString()+ "_salary：  " + salary;
}
```

3. 继承与构造函数

　　子类不能继承基类的构造函数,但当程序员试图创建一个子类对象时,首先要执行基类的构造函数。在 Java 中,每个子类构造函数的第一条语句如果没有使用关键字 super 来调用基类的构造函数,那么就会隐含调用 super(),如果基类没有这种形式的构造函数,在编译的时候就会报错。例如,将示例 7.2 所示的类 Employee 的有参构造函数的语句 super (initialName, initialAddress)去掉,然后编译示例 7.1 中的 Person. java 和示例 7.2 中的 Employee. java 源文件,编译器就会报错,如示例 7.8 所示,这是因为在子类 Employee 中隐含调用了 super(),但是基类中并没有定义无参构造函数。

　　示例 7.8　在去掉构造函数语句 super(initialName,initialAddress)后,示例 7.1 的编译结果。

　　G：\test\源码演示＞javac person. Java

　　G：\test\源码演示＞javac Employee. Java

　　Employee. Java：22: cannot find symbol

　　symbol：constructor Person()

　　location：class Person

```
double initialSalary) {
```

1 error

Java 子类构造函数的调用要遵循以下规则:

(1)当子类使用不带任何参数的构造函数创建对象时,将先调用基类的缺省的构造函数,然后调用子类自己的缺省的构造函数。

(2)如果基类中没有定义任何构造函数,而当子类创建带任意个参数的对象时,系统都缺省调用基类的缺省构造函数。但是,如果基类中定义了一个或一个以上带参数的构造方法,那么也必须显示声明缺省构造函数。

(3)对于基类的包含参数的构造函数,子类可以在自己的构造函数中使用 super 关键字调用它,但这个调用语句必须是子类构造函数的第一个可执行语句。

7.1.2　向上转型与向下转型

1. 向上转型

所谓向上转型(upcasting)是指子类的对象变量或对象赋值给基类的引用,即子类的对象可以当做基类的对象使用。对于示例 7.1 中定义的类 Person 和示例 7.2 中定义的类 Employee,将子类 Employee 类型的对象赋值于基类 Person 类型的引用总是合法的(即在语法上是允许的),例如示例 7.9 所示。

示例 7.9　子类的对象作为基类的对象使用。

```
Employee  employee = new Employee("Joe", "100 Ave", 3.0);
Person  person =  employee;
```

虽然基类引用 person 可以指向子类 Employee 类型的对象,但是,通过 person 不能调用子类 Employee 所特有的方法,例如示例 7.10 所示。person 虽然指向了 Employee 类型的对象,但是,通过 person 不能调用子类 Employee 所特有的方法 getSalary,这是因为编译器会做静态语法检查,认为 Person 类没有定义方法 getSalary,所以通过 Person 类型的引用 person 调用方法 getSalary 被认为是语法错误。

示例 7.10　基类对象的引用不能调用子类所特有的方法。

```
Employee  employee = new Employee("Joe", "100 Ave", 3.0);
Person  person =  employee;
String name = person.getName(); //合法
String address = person.getAddress();   //合法
double salary = person.getSalary(); //非法,即编译器报错
```

2. 向下转型

向下转型(downcasting)是指把基类引用显式地强制类型转化为子类型的对象,例如示例 7.11。向上转型总是合法的,但强制向下转型并非总是合法的。这里将向下转型分两种情况进行讨论:

(1)如果基类引用指向的是一个子类的对象,可以使用向下转型,把基类的引用显式地转型为一个子类的对象,例如示例 7.11 中的最后一条语句。

(2)如果基类引用指向的是一个自身类型的对象,则不可以使用向下转型。例如示例 7.12。

示例 7.11　合法地向下转型。

Employee　employee ＝ new Employee("Joe", "100 Ave", 3.0);

Person　person ＝　employee；

String name ＝ person. getName(); //合法

String address ＝ person. getAddress();　//合法

double salary ＝ ((Employee)person). getSalary(); //合法

示例 7.12　非法地向下转型。

Person person ＝ new Person ("Joe ", "10 Main Ave");

double salary ＝ ((Employee) person). getSalary();//该句将抛出ClassCastException
类型的异常

为了避免示例 7.12 所示的应用抛出异常 classCastException,向下强制类型转换通常与操作符 instanceof (instanceof 操作符的语法格式如示例 7.13 所示)结合使用,例如示例 7.14 所示。

示例 7.13　instanceof 操作符的语法格式。

object instanceof ClassX

① 如果 object 是 ClassX 的对象引用,返回为 true;

② 如果 object 是 ClassX 的子类对象引用,返回为 true;

③ 如果 object 是 null,该表达式返回 false;

示例 7.14　向下强制类型转换与 instanceof 操作符结合使用。

Person person ＝new Employee ("Joe Smith", "100 Main Ave",1);

……

if (person instanceof Employee) {

　　　　salary ＝ ((Employee) person). getSalary();

}

7.1.3　方法的重写

所谓方法的重写(Overriding),是在子类中定义一个与基类方法名、返回类型和参数类型均相同,但方法体实现不同的方法,它又称为方法的覆盖。

子类在继承基类的基础上,可以进行扩展,即添加自己新的操作;子类也可以重写基类中的操作,使其操作的行为有别于基类。正是通过这两种方式,体现了子类虽然继承了基类的数据和操作,但是又有别于基类的一种新的对象类型。例如,对于示例 7.15 和示例 7.16 中定义的类 Person 和 Employee,子类 Employee 在继承基类 Person 的基础上,添加了自己新的操作 getSalary,重写了基类的操作 toString。

示例 7.15 扩展与重写:基类 Person。

```java
/ * *
 * 该类建模一个人
 * @author author name
 * @version1.0.0
 */
public class Person {
    / * 人的名字 */
    private String   name;
    / * 人的住址 */
    private String   address;
    / * *
     * 构造函数
     *
     * @param initialName 初始化人的名字
     * @param initialAddress 初始化人的住址
     */
    public Person (String initialName, String initialAddress) {
        name = initialName;
        address = initialAddress;
    }
    / * *
     * 返回人的名字
     * @return 人的名字
     */
    public String getName() {
        return name;
    }
    / * *
     * 返回人的住址
     * @return 人的住址
     */
    public String getAddress() {
```

```
            return address;
        }
    /**
     *返回代表人的属性信息的字符串
     * @return 代表人的属性信息的字符串
     */
    public String toString() {
        return "name："+ name + "_address：" + address;
    }
}
```

示例 7.16 扩展与重写：子类 Employee。

```
/**
 * 建模雇员的类
 * @author author name
 * @version1.0.0
 */
public class Employee extends Person  {
    /*雇员薪水 */
    private double salary;
    /**
     *构造函数
     *
     * @param initialName 初始化雇员的名字
     * @param initialAddress 初始化雇员的地址
     * @param initialSalary初始化雇员的薪水
     */
    public Employee (String initialName, String initialAddress,
        double initialSalary) {
        super(initialName, initialAddress);
        salary = initialSalary;
    }
    /**
     *返回雇员的薪水
     * @return 雇员薪水
     */
```

```
public double getSalary() {
    return salary;
}
/* *
 * 更新雇员的薪水
 * @param newSalary 更新的薪水
 */
public void setSalary(double newSalary) {
    salary = newSalary;
}
/* *
 * 返回代表雇员的属性信息的字符串
 * @return 代表雇员的属性信息的字符串
 */
public String toString() {
    return super. toString() + "_salary：" + salary;
}
}
```

方法重写时应遵循这样的原则:子类中重写的方法不能比基类中被重写的方法有更严格的访问权限(可以相同)。例如,基类 Person 中的 toString 方法的访问权限为 protected 类型,那么在派生类中重写该方法时,该方法的访问权限必须为 protected 或 public,而不能为 private。如果需要复用基类中被重写的方法,则需要使用 super 指针调用基类中的方法,例如示例 7.7。

7.2 equals 方法和 toString 方法

在 Java 中,程序员定义的或类库中提供的类都直接或间接地继承了 java. lang. Object,它是所有类的基类。自然,Object 提供的所有方法都被程序员撰写的类所继承,在实际应用中,Object 提供的 equals 方法和 toString 方法易被重写。

1. equals 方法

Object 中的 equals()方法的定义格式如下:

```
public boolean equals(Object obj){
        ……
}
```

在 Object 的定义中,该方法比较两个对象(调用该方法的对象和参数中传递的对象)的引用是否相同,即比较两个对象是否是同一个对象,如果是同一个对象,返回为 true,否则返回 false。仍然使用示例 7.1 中的 Person 类,在示例 7.2 的基础上增加 main 方法形成示例 7.17,以验证 Object 中所提供的 equals 方法与双等号"＝＝"提供的功能一致。运行示例 7.17 可以看到示例 7.18 所示的结果。由于 Employee 和 Person 类都未提供自己的 equals 方法,那么在 Employee 中的 main 方法中,调用的 Employee 类的 equals 方法是从 Object 中继承的,该方法实现的功能是比较两个 Employee 对象是否是同一个对象,程序的执行结果验证了这一点。

示例 7.17　Object 中 equals 方法功能的验证。

```
/**
 * 建模一般雇员的类 Employee
 * @author author name
 * @version 1.0.0
 */
public class Employee extends Person  {
    /* 雇员的薪水 */
    private double salary;
    /**
     * 构造一个雇员对象
     *
     * @param initialName   初始化雇员的名字
     * @param initialAddress 初始化雇员的地址
     * @param initialSalary 初始化雇员的薪水
     */
    public Employee (String initialName, String initialAddress,
        double initialSalary) {
            super(initialName, initialAddress);
            salary = initialSalary;
    }
    /**
     * 返回雇员的薪水
     * @return 雇员薪水
     */
    public double getSalary() {
        return salary;
    }
```

```java
/**
 * 更新雇员的薪水
 * @param newSalary 更新的薪水
 */
public void setSalary(double newSalary) {
    salary = newSalary;
}
public static void main(String[] arg){
    Employee employee1 = new Employee("xiao","nwpu",200);
    Employee employee2 = new Employee("xiao","nwpu",200);
    Employee employee3 = employee1;
    //同一个 Employee 对象的比较
    if (employee1.equals(employee3)) {
        System.out.println("true");
    } else {
        System.out.println("false");
    }
    //内容相同的不同 Employee 对象的比较
    if (employee1.equals(employee2)) {
        System.out.println("true");
    } else {
        System.out.println("false");
    }
    //同一个 Employee 对象的比较
    if (employee1 == employee3) {
        System.out.println("true");
    } else {
        System.out.println("false");
    }
    //内容相同的不同 Employee 对象的比较
    if (employee1 == employee2) {
        System.out.println("true");
    } else {
        System.out.println("false");
    }
```

```
            }
    }
```

示例 7.18　示例 7.17 的运行结果。

D:\bookExample>javac *.java

D:\bookExample>java Employee

True

false

true

false

在大部分类中,比较两个类对象是否是同一个对象一般不实用,例如,比较两个字符串的内容是否一致。所以,Java 类库中提供的字符串类 String 将从 Object 继承的 equals 方法进行了重写,其 equals 方法比较的是字符串的内容是否相同。类库中提供的很多类都对 Object 中提供的 equals 方法进行了重写,例如,日期类 Date,包装类 Boolean,Integer,Float 等。

如果两个 Employee 对象是否相同取决于它们的属性内容是否一致,应该在 Employee 类中提供重写的 equals 方法,如示例 7.19 的黑体部分所示,在该示例的 main 方法中有四处比较两个 Employee 对象是否相同。由于程序中前三处比较的两个 Employee 对象的内容都是相同的,所以,结果分别为 true,最后一处由于是 Employee 对象和 Person 对象的比较,equals 方法传过来的参数不是一个 Employee 对象,所以,结果为 false。示例 7.19 的执行结果见示例 7.20。

示例 7.19　equals 方法的演示。

```
/ **
 * 建模一般雇员的类 Employee
 * @author author name
 * @version1.0.0
 */
public class Employee extends Person  {
    / * 雇员的薪水 * /
    private double salary;
    / **
     * 构造一个雇员对象
     * @param initialName 初始化雇员的名字
     * @param initialAddress 初始化雇员的地址
     * @param initialSalary 初始化雇员的薪水
     * /
    public Employee (String initialName, String initialAddress,
```

```java
                          double initialSalary) {
            super(initialName, initialAddress);
            salary = initialSalary;
    }
    /* *
      * 返回雇员的薪水
      * @return 雇员薪水
      */
    public double getSalary() {
        return salary;
    }
    /* *
      * 更新雇员的薪水
      * @param newSalary 更新的薪水
      */
    public void setSalary(double newSalary) {
        salary = newSalary;
    }
    /* *
      * 比较两个雇员对象是否相等,重写 Object 中的 equals 方法
      * @paramo 比较对象
      * @return   ture 或 false
      */
    public boolean equals(Object o) {
            if (o instanceof Employee) {
                Employee e = (Employee)o;
                return this.getName().equals(e.getName())
                        && this.getAddress().equals(e.getAddress())
                        && this.getSalary() == e.getSalary() ;
            } else {
                    return false;
            }
    }
    public static void main(String[] arg){
        Employee employee1 = new Employee("xiao","nwpu",200);
```

```
        Employee employee2 = new Employee("xiao","nwpu",200);
        Employee employee3 = employee1;
        //1:同一个 Employee 对象的比较
        if (employee1.equals(employee3)) {
            System.out.println("true");
        } else {
            System.out.println("false");
        }
        //2:内容相同的不同 Employee 对象的比较
        if (employee1.equals(employee2)) {
            System.out.println("true");
        } else {
            System.out.println("false");
        }
        Person person = employee2;
//3:内容相同的不同 Employee 对象的比较,person 指向的是一个 Employee 对象
        if (employee1.equals(person)) {
            System.out.println("true");
        } else {
            System.out.println("false");
        }
        person = new Person("xiao","nwpu");
//4:employee 对象和 Person 对象的比较,person 指向的是一个 Person 对象
        if (employee1.equals(person)) {
            System.out.println("true");
        } else {
            System.out.println("false");
        }
    }
}
```

示例 7.20　示例 7.19 的编译和运行结果。

D:\bookExample>javac Employee.java

D:\bookExample>java Employee

true

true

true

false

2. toString 方法

Object 中的 toString()方法的定义格式如下：

```java
public String toString(){
    ......
}
```

在 Object 的定义中，该方法返回格式为"ClassName@number"的字符串，即返回"类名@对象哈希码的 16 进制表示"。例如，对于示例 7.21 所示的 Point2D 并未提供 toString 方法，程序中调用的 toString 方法是 Point2D 从 Object 中继承的，执行该示例的结果如示例 7.22所示。

示例 7.21　Point2D.java。

```java
public class Point2D {
    private float x;
    private float y;
    public Point2D(float initialX, float initialY) {
        x = initialX;
        y = initialY;
    }
    public float getX() {
        return x;
    }
    public float getY() {
        return y;
    }
    public static void main(String[] args) {
        Point2D pointOne = new Point2D(100,200);
        System.out.println(pointOne.toString());
    }
}
```

示例 7.22　示例 7.21 的运行结果。

D:\bookExample>javac Point2D.java

D:\bookExample>java Point2D

Point2D@35ce36

示例 7.21 的程序中黑体部分撰写的语句与下述语句等价：

System. out. println(pointOne);

一般而言,对于 System. out. println(object),object 可以是任意类型的对象,该对象的 toString 方法会自动被激活,它相当于语句 System. out. println(object. toString( ))。在实际应用中,一般会重写 toString()方法,使它实现将一个对象有关属性信息转换成一定格式或实用的字符串信息的功能,例如,在 Point2D 中,可以提供重写的 toString 方法实现返回 x 和 y 坐标值的功能,其程序代码如下:

```java
public String toString() {
    return"x = "+ x + ", y = " + y
}
```

另外,例如示例 7.15 和示例 7.16,以及第 3.4 节中公司雇员管理系统部分类的实现也提供了重写的 toString 方法。

7.3　公司雇员信息管理系统的实现

根据本章所学的知识,可以实现类图 2.17 中的类 GeneralEmployee,如示例 7.23 所示。

示例 7.23　GeneralEmployee. java。

```java
import java. sql. Date;
/ *
* 普通雇员类,该类雇员每月拿固定的工资
*  @author machunyan
* /
public class GeneralEmployee extends Employee {
    protected double fixMonthSalary; //普通雇员的固定月薪
    / * *
    * 初始化雇员基本信息的构造函数
    * @param initId 雇员的唯一身份标识
    * @param initName 雇员的名字
    * @param initBirthday 雇员的出生日期
    * @param initMobileTel 雇员的联系方式
    * @param initMonthlySalary 普通雇员的月薪
    * /
    public GeneralEmployee(String initId, String initName, Date initBirthday,
            String initMobileTel, double initMonthlySalary) {
        super(initId, initName, initBirthday, initMobileTel);
        fixMonthSalary = initMonthlySalary;
```

```
    }
    / * *
     * 获得雇员的固定月薪
     * /
    public double getFixMonthSalary() {
        return fixMonthSalary;
    }
    / * *
     * 获得雇员的每月的薪水
     * /
    public double getMonthSalary(Date day) {
        return fixMonthSalary;
    }
}
```

第8章 关联关系的 Java 编程实现

在 UML 类图中,类之间的关联关系要体现关联的数量、关联的引用和关联的方向性,以便用面向对象的语言编程实现。由2.1节可知,如果类 A 与类 B 是单向1对1的关联关系,并设关联的引用为 b,则 b 将作为类 A 的私有属性,其数据类型是类 B,对于这种关联关系的实现,第3章 Java 类的实现已讲述清楚;如果类 A 与类 B 是单向1对多的关联关系,并设关联的引用为 bs,则 bs 将作为类 A 的私有属性,其数据类型是集合类型,集合中元素的数据类型为 B,对于这种关联关系的实现,是本章的重点。

一般而论,就像关联关系的实现,有时类需要管理和维护很多对象作为其属性。例如,在公司雇员管理系统中,销售清单需要管理和维护很多销售项,假设可以维护最多100个销售项,那么在销售清单中,声明100个销售项类型的变量来存储和维护相应的销售项是不现实的。所以每种程序设计语言都提供了存储和管理一组对象的机制,例如,C 语言提供了数组,Java 语言提供了数组和集合(Collection)。

8.1 数　　组

Java 中数组的长度不允许动态改变,其下标索引从0开始。数组元素可以是基本数据类型,也可以是对象类型。

1. 数组的声明

Java 编程语言不允许声明时指定一个数组的大小,无论数组存储的是何种数据类型(即基本数据类型或对象类型),但都必须是同一种数据类型。

声明一个用来存储基本数据类型的数组 ages,其格式如下:

int[] ages;

上述声明表示 ages 是 int[]类型的对象变量,它是一个一维数组,数组元素的类型是 int 类型的。

声明一个用来存储对象的数组,其格式如下:

String[] names;

上述声明表示 names 是 String[]类型的对象变量,它是一个一维数组,数组元素的类型是 String 类型的。

在 Java 中,所有的对象变量存储的都是引用,由于数组变量都是对象变量,所以数组变量存储的是引用,它的初始值为 null。

2. 数组变量的初始化

数组变量作为一种对象变量,必须用 new 关键字进行初始化,当初始化时指定创建数组的大小。其格式如下:

int[] ages = new int[5];

String[] names = new String[6];

当创建新的数组对象时,Java 保证该数组元素的内容一定会被初始化为"零"值,例如,上述 ages 数组元素的内容为 0,names 数组元素的内容为 null。

在声明数组时也可以对其数组变量和数组元素内容同时进行初始化,数组元素初始化的内容要用逗号分割并用一对花括号括在一起,例如,以下格式的语法都是允许的:

int[] ages = {21, 19, 35, 27, 55};

String[] names = {"Bob", "Achebe", null};

String[] names = new String[ ]{"Bob", "Achebe", null }

Point2D[] points = new Point2D[]{new Point2D(1,1),new Point2D(2,3)}

3. 数组的使用

所有的数组对象都包含一个 public 访问权限的实例变量 length,表示数组的长度,可以通过 length 对数组进行操作,例如:

int[] ages = new int[5];

for(int index = 0; index < ages. length; index++){

        int x = ages[index]

}

在数组的使用中,受 C 语言数组的影响,往往认为数组长度不同的数组变量之间不能相互赋值,而在 Java 中,由于数组变量是对象变量,只要两个数组变量的数据类型相同,无论其初始化的数组对象的长度是否一致,都可以相互赋值。例如,示例 8.1 的程序代码对数组的使用是正确的,它体现了数组使用的所有合法的语法。

示例 8.1 数组应用举例。

```
public class ArraySize {
    public static void main(String[] args) {
        //对象数组,数组变量声明时对数组变量和数组内容同时初始化
        Point2D[] a = new Point2D[] {
          new Point2D(100,800), new Point2D(300,400)
        };
        //对象数组变量 b,c 的初始化,数组元素内容为 null
        Point2D[] b = new Point2D[5];
        Point2D[] c = new Point2D[4];
        //为对象数组 c 的元素赋值
```

```
for(int i = 0; i < c. length; i++){
    c[i] = new Point2D(i,i);
}
// 基本数据类型数组 e 的声明,e 是空引用
int[] e;
//基本数据类型数组 f 的声明和初始化,数组元素内容为 0
int[] f = new int[5];
//基本数据类型数组 e 极其元素内容的初始化,数组元素内容分别为 1 和 2
e = new int[] { 1; 2 };
//为基本数据类型数组 f 的元素内容初始化
for(int i = 0; i < f. length; i++){
    f[i] = i * i;
}
//基本数据类型数组 e 极其元素内容的初始化,数组元素内容分别为 11,47 和 93
int[] g = { 11, 47, 93 };
//由于 b 和 c 的数据类型一致,所以可以相互赋值
b = c;
//由于 f 和 g 的数据类型一致,所以可以相互赋值
f = g;
System. out. println("a. length=" + a. length);
 System. out. println("b. length = " + b. length);
 System. out. println("c. length = " + c. length);
 System. out. println("d. length = " + e. length);
 System. out. println("g. length = " + f. length);
 System. out. println("h. length = " + g. length);
}
}
```

如果程序需要存储和操作一群同类型的对象,并且知道操作对象的最大数量,这时存储对象的第一选择应该是数组;另外如果需要存储和操作的是基本数据类型的集合,则选择数组作为存储的容器,操作效率最高。

8. 2　容器 Java. util. Vector 和迭代器 Java. util. Iterators

当撰写程序时,如果不知道程序究竟需要存储和维护多少对象,对象的数量是动态变化

的,这时数组作为对象存储的容器就不能满足要求。为了解决这个问题,Java 类 API 提供了一套容器类库(即 java. util 包)。Java 容器类库中的容器分为两类,一类容器的基类是 Collection<E>,该类容器每个位置存储一个元素;另一类容器的基类是 Map<K,V>,该类容器每个位置存储两个元素,像个小型数据库。在本书中,仅关注 Collection<E>类型的容器,主要是 ArrayList<E>的使用,其他容器的使用方法与此类似,很容易触类旁通。

8.2.1　参数化类型

自 JDK1.5 版本以后,Java 引进了泛型机制,即 Java 参数化类型。参数化类型也是一个对象类型,它是拥有一组与之关联的类型变量的类。参数化类型允许用户在编写一个新类时,保留一些类型不被指定,这样就可以实现一组在多种数据类型下使用的函数。例如,示例 8.2 是一个描述字符串对的类,如果让该类不仅可以描述字符串对,还可以描述二维点对、整数对以及任意数据类型的元素对,则可将示例 8.2 所示的类改写为参数化类型的类,如示例 8.3 所示。

示例 8.2　Pair. java。

```
class Pair {
    private String element1;
    private String element2;
    public Pair(String element1,String element2){
        this. element1 = element1;
        this. element2 = element2;
    }
    public String getElement1(){
        return element1;
    }
    public String getElement2(){
        return element2;
    }
    public static void main(String[] args) {
        Pair pairOne = new Pair("1","2");
        System. out. println(pairOne. getElement1()+" "+ pairOne. getElement2
        ());
    }
}
```

示例 8.3　参数类 Pair<A,B>的实现。

```
class Pair <A,B> {
```

```java
        private A element1;
        private B element2;
        public Pair(A element1, B element2){
        this. element1 = element1;
        this. element2 = element2;
    }
    public A getElement1(){
        return element1;
    }
    public B getElement2(){
        return element2;
    }
}
    public static void main(String[] args) {
        Pair<String,String> pairOne   =
            new Pair<String,String>("1","2");
        System. out. println(pairOne. getElement1()+" "
            + pairOne. getElement2());
        Pair<Point2D,Point2D> pairTwo   =
            new Pair<Point2D,Point2D>(new Point2D(100,200), new Point2D
            (300,400));
        System. out. println(pairTwo. getElement1()+" "
            + pairTwo. getElement2());
    }
}
```

8.2.2　容器 Java. util. ArrayList<E>

自 JDK1.5 版本以后,Java API 提供的所有容器类均为参数化类型。

1. 容器类的变量的声明和初始化

容器类的变量的声明和初始化格式为:

ArrayList<E> a = new ArrayList<E>( );

上述语句表示容器变量 a 中只能存放 E 类型的对象,假如试图将 E 类型对象以外的对象存入到 a 中,编译器将会报告这是一个错误。容器 a 存储对象的个数没有限制。

2. ArrayList 容器类常用的操作

ArrayList 类常用的操作如表 8.1 所示。

表 8.1　ArrayList 类常用的方法

操作名	操作功能
ArrayList()	构建一个空的容器类列表
int size()	返回容器类中容纳的元素数
boolean add(E o)	将指定的元素 o 添加到列表末尾
E get(int index)	返回容器类列表中指定位置的元素
boolean remove(Object o)	从容器类列表中删除指定元素实例

3. ArrayList<E>的遍历方法之一

通过类 ArrayList 提供的 size()和 get()方法可以实现对容器类 ArrayList<E>的遍历,在遍历过程中,可以对容器类进行访问对象和修改对象等操作,例如示例 8.4 所示。

示例 8.4　ArrayList 容器类遍历方法之一。

```
import java.util. * ;
public class ArrayListExample {
    public static void main(String args[]){
        ArrayList<String> a = new ArrayList<String>();
        a. add(new String("xiao1"));
        a. add(new String("xiao2"));
        a. add(new String("xiao3"));
        / * 遍历容器类 * /
        for(int j = 0; j < a. size(); j++){
            String str = a. get(j);
                System. out. println(str);
        }
    }
}
```

8.2.3　迭代器 Iterator<E>的使用

所有继承 java.util. Collection 的容器都提供了一个方法 iterator( ),它可以返回一个 Iterator<E> 对象,它用来遍历并访问 Collection 容器所容纳的对象序列。例如,Vector<E>和 ArrayList<E>提供了方法 iterator()返回自身的 Iterator<E>对象,用于从头至尾遍历并访问 Vector<E>和 ArrayList<E>中的每个元素,容器提供的返回 Iterator<E>对象的方法声明如下:

public Iterator<E> iterator( )

类 Iterator<E>提供的方法和功能描述如下：

（1）E next()：返回所访问容器中的下一个元素，当第一次调用 next()方法时，它返回容器中的第一个元素。

（2）Boolean hasNext()：判断容器中是否还有元素可以通过 next()方法进行访问并返回。

（3）void remove()：在调用 remove 之前必须先调用一次 next 方法，因为 next 就像在移动一个指针，remove 删掉的就是指针刚刚跳过去的元素。即使连续删掉两个相邻的元素，也必须在每次删除之前调用 next。

运用迭代器遍历 ArrayList<E>容器的方法如示例 8.5 所示。

示例 8.5　ArrayList 类容器遍历方法之二。

```java
import java.util.*;
public class ArrayListExample {
    public static void main(String args[]){
        ArrayList<String> a = new ArrayList<String>();
        a.add(new String("xiao1"));
        a.add(new String("xiao2"));
        a.add(new String("xiao3"));
        /*遍历并访问容器中的元素*/
        Iterator<String> e = a.iterator();
            while(e.hasNext()){
            String str = e.next();
                System.out.println(str);
            }
    }
}
```

Iterator<E> 对象可以把访问逻辑从不同类型的容器类中抽象出来，避免向客户端暴露容器的内部结构，它可以作为遍历容器类的标准访问方法，例如，ArrayList<String>，Vector<String>，HashSet<String>，LinkList<String>四种存储字符串的不同类型的容器，都可以使用 print 函数通过迭代器对其容器类进行遍历访问，如示例 8.6 所示。

示例 8.6　Iterator<E> 对象的使用。

```java
import java.util.*;
class PrintData {
    static void print(Iterator<String> e) {
        while(e.hasNext())
            System.out.println(e.next());
    }
```

```
}
public class Iterators {
    public static void main(String[] args) {
        ArrayList<String> arrayList = new ArrayList<String>();
        for(int i = 0; i < 5; i++) {
            arrayList.add(new String(String.valueOf(i)));
        }
        Vector<String> vector = new Vector<String>();
        for(int i = 0; i < 5; i++) {
            vector.add(new String(String.valueOf(i)));
        }
        HashSet<String> hashSet = new HashSet<String>();
        for(int i = 0; i < 5; i++) {
            hashSet.add(new String(String.valueOf(i)));
        }
        LinkedList<String> linkedList = new LinkedList<String>();
        for(int i = 0; i < 5; i++) {
            linkedList.add(new String(String.valueOf(i)));
        }
        System.out.println("——————————ArrayList——————");
        PrintData.print(arrayList.iterator());
        System.out.println("——————————Vector——————————");
        PrintData.print(vector.iterator());
        System.out.println("——————————HashSet————————");
        PrintData.print(hashSet.iterator());
        System.out.println("——————————LinkedList————————");
        PrintData.print(linkedList.iterator());
    }
}
```

迭代器遍历容器期间,不允许通过容器变量和点运算符调用容器类的方法 add 和方法 remove 等修改容器元素的方法,否则程序会抛出一个运行时同步修改异常 java.util. ConcurrentModificationException,如示例 8.7 所示黑体标记的代码是非法的。

示例 8.7 同步修改异常示例。

```
import java.util.*;
public class Test {
```

```
    public static void main(String[] args){
        ArrayList<String>  arrayList = new ArrayList<String>();
        arrayList. add("Vectors");
        arrayList. add(" and ");
        arrayList. add("Iterators");
        String result = "";
        Iterator<String>  iterator = arrayList. iterator();
        while (iterator. hasNext()) {
            result =  iterator. next();
            iterator. remove();
                arrayList. add ( " cat ");//不 允 许，会 抛 出 异 常//java.
            util. ConcurrentModificationException
        }
        System. out. println(result);
    }
}
```

8.2.4 For-each 循环的使用

For-each 循环提供了一种遍历和访问 Collection 容器的更简洁的方法,其语法如示例 8.8 所示,for 循环括号中冒号右面的 c 表示 for 循环要遍历和访问的 Collection 类型的变量;冒号左边的 Point2D 表示所遍历的容器中存储的对象类型,在遍历容器的过程中,将容器中的元素逐个取出赋予变量 point。

示例 8.8 For-each 循环的语法。

```
Collection<Point2D>  c;
for (Point2D  point :c) {
    int x = point. getX();//对于容器 c 中存储的每一个元素 point,作如下处理……
    ……
}
```

示例 8.4 和示例 8.5 对容器 ArrayList 的遍历,可以修改为用 For-each 循环进行遍历,如示例 8.9 所示。

示例 8.9 ArrayList 容器遍历方法之三。

```
import java. util. * ;
public class ArrayListExample {
    public static void main(String args[]){
        ArrayList<String> a = new ArrayList<String>();
```

```
        a. add(new String("xiao1"));
        a. add(new String("xiao2"));
        a. add(new String("xiao3"));
        /* 遍历容器 */
        for (String str:a) {
                System. out. println(str);
        }
    }
}
```

For-each 循环的应用场合如下：

(1)对数组的元素进行遍历和访问。

(2)对 Collection(包括其所有的子类)类型的容器进行遍历和访问。

(3)对满足下面两个条件的一般类进行遍历和访问：

1)该类维护了一个容器类型的私有属性,即 2.2 节描述的集合类。

2)该类实现了接口 java. lang. Iterable<T>。

如图 8.1 所示的类图,类 Client 是个集合类,如果 Client 实现了接口 java. lang. Iterable< T>, 对 Client 类中存储的若干 BankAccount 对象就可以使用 For-each 循环对其进行遍历和访问。为了对第(3)种情况进行演示,本节撰写了类 BankAccount,Client 和 TestClient,参见示例 8. 10～8. 12,其中,类 Client 实现了接口 java. lang. Iterable<T>,即为接口中的抽象方法 iterator()提供了方法体,类 TestClient 中黑体所示的代码块是通过 For-each 循环对 Client 对象的访问。

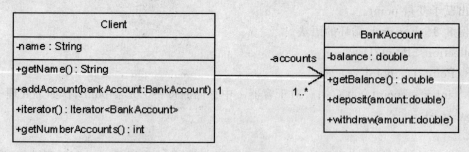

图 8.1　集合模型

示例 8.10　BankAccount. java。

```
/**
 * This class models a bank account.
 *
 * @author iCarnegie
```

```
 *  @version 1.0.0
 */
public class BankAccount {
    /*  Balance of the account */
    private double balance;
    /**
     * Creates a new <code>BankAccount</code> object with an
     * initial balance of zero.
     */
    public BankAccount() {
        this.balance = 0.0;
    }
    /**
     * Returns the balance of this account.
     *
     * @return the balance of this account
     */
    public double getBalance() {
        return this.balance;
    }
    /**
     * Deposits money in this account.  If the specified amount is
     * positive, the account balance is updated.
     *
     * @param amount amount of money to add to the balance.
     * @return <code>true</code> if the money is deposited;
     *         <code>false</code> otherwise.
     */
    public boolean deposit(double amount) {
        if (amount > 0) {
            this.balance += amount;
            return true;
        } else {
            return false;
        }
```

```
    }
    / * *
     * Withdraws money from this account. If the specified amount is
     * positive and the account has sufficient funds, the
     * account balance is updated.
     *
     * @param amount   amount of money to subtract from the balance.
     * @return <code>true</code> if the money is withdrawn;
     *           <code>false</code> otherwise.
     * /
    public boolean withdraw(double amount) {
        if (amount > 0 && this. balance >= amount) {
            this. balance -= amount;
            return true;
        } else {
            return false;
        }
    }
}
```

示例 8.11   Client. java。

```
import   java. util. * ;
/ * *
 * This class models a bank client. The following information is maintained:
 * <ol>
 * <li>The name of the client</li>
 * <li>The bank accounts of the client</li>
 * </ol>
 *
 * @author iCarnegie
 * @version  1. 0. 0
 * /
public class Client implements Iterable<BankAccount>{
    / * Name of client * /
    private String name;
    / * Collection of <code>BankAccounts</code> objects. * /
```

```java
private ArrayList<BankAccount>  accounts;
/* *
 * Constructs a <code>Client</code> object.
 * <p>
 * Creates an empty collection of bank accounts.
 * </p>
 *
 * @param initialName   the name of the client.
 */
public Client(String initialName)   {
    this. name = initialName;
    this. accounts = new ArrayList<BankAccount>();
}
/* *
 * Returns the name of this client.
 *
 * @return the name of this client.
 */
public String   getName() {
    return this. name;
}
/* *
 * Adds a bank account to this client.
 *
 * @param bankAccount   the {@link BankAccount} object.
 */
public void   addAccount(BankAccount bankAccount)   {
    this. accounts. add(bankAccount);
}
/* *
 * Returns an iterator over the bank accounts of this client.
 *
 * return   an {@link Iterator} over the bank accounts of this
 *          client.
 */
```

```java
public Iterator<BankAccount>  iterator() {
    return this. accounts. iterator();
}
/ * *
 * Returns the number of bank account of this client.
 *
 * @return   the number of bank account of this client.
 * /
public int  getNumberOfAccounts()  {
    return this. accounts. size();
}
}
```

示例 8.12   TestClient. java。

```java
import   java. util. * ;
import   java. io. * ;
/ * *
 * This class tests the implementation of class <code>Client</code>.
 *
 * @author iCarnegie
 * @version  1. 0. 0
 * /
public class TestClient  {
    / * Standard output stream * /
    private static PrintWriter  stdOut =
        new  PrintWriter(System. out, true);
    / * Standard error stream * /
    private static PrintWriter  stdErr =
        new  PrintWriter(System. err, true);
    / * *
     * Tests the implementation of class <code>Client</code>.
     *
     * @param args   not used.
     * /
    public static void main(String[] args) {
        BankAccount accountOne = new BankAccount();
```

```
BankAccount accountTwo = new BankAccount();
BankAccount accountThree = new BankAccount();
accountOne. deposit(1000.0);
accountTwo. deposit(2000.0);
accountThree. deposit(3000.0);
Client client= new Client("John Smith");
client. addAccount(accountOne);
client. addAccount(accountTwo);
client. addAccount(accountThree);
double totalBalance = 0.0;
for (BankAccount account : client) {
    totalBalance += account. getBalance();
}
if (totalBalance ! = 6000.0) {
    stdErr. println(" * * Test failure");
}
stdOut. println("done");
    }
}
```

8.3 公司雇员信息管理系统的实现

根据本章所学的知识可以实现图 2.17 所示类图中的类 HourEmployee、类 NonCommissionEmployee、类 CommissionEmployee、类 NCEMonthRecord、类 CEMonthRecord、类 SaleRecord、类 SaleList，以及类 WeekRecord，见示例 8.13~8.19。

示例 8.13 WeekRecord. java。

```
import java. util. * ;
import java. sql. Date;
/ *
* 每周的工作记录,保存本周内所有的日工作记录
* @author machunyan
* /
public class WeekRecord implements Iterable<DayRecord> {
    private ArrayList<DayRecord> dayRecords;//本周的所有日工作记录
    public WeekRecord() {
```

```java
        dayRecords = new ArrayList<DayRecord>();
    }
    /**
     * 为当前日工作记录添加新的日工作记录
     * @param dayRecord 将要被添加的新的工作记录
     */
    public void addDayRecord(DayRecord dayRecord) {
        dayRecords.add(dayRecord);
    }
    /**
     * 按照给定日期检索雇员的日工作记录
     * @param workDay 被检索的周中的某一个日期
     */
    public DayRecord getDayRecord(Date workDay) {
        for (DayRecord dayRecord : dayRecords) {
            if (workDay.equals(dayRecord.getWorkDay()))
                return dayRecord;
        }
        return null;
    }
    /**
     * 获得雇员日工作记录的数量
     * @return 雇员日工作记录的数量
     */
    public int getNumberOfDayRecord() {
        return dayRecords.size();
    }
    /**
     * 返回迭代器访问 WeekRecord 中的 DayRecord
     *
     * @return   an {@link Iterator} of {@link DayRecord}
     */
    public Iterator<DayRecord> iterator(){
        return dayRecords.iterator();
    }
```

```
    / * *
     * 返回此工作记录的字符串表示形式
     * /
    public String toString() {
        String result = "";
        for (DayRecord dayRecord : dayRecords) {
            result += "\t" + dayRecord.toString();
        }
        return result;
    }
}
```

示例 8.14　HourEmployee.java。

```
import java.util.*;
import java.sql.Date;
/*
* 工时雇员类,该类雇员按其工作时间得到工资,每周末结算
* 如果某天其工作时间超过 8 小时,则超过部分按原工资的 150％计算
* @authorauthor
* /
public class HourEmployee extends Employee {
    private double hourSalary; //工时雇员每小时的工资
    private ArrayList<WeekRecord> weekRecords; //工时雇员每周的工作记录
    / * *
     * 初始化雇员基本信息的构造函数
     * @param initId 雇员的唯一身份标识
     * @param initName 雇员的名字
     * @param initBirthday 雇员的出生日期
     * @param initMobileTel 雇员的联系方式
     * @param initHourlySalary 工时雇员每小时的工资
     * /
    public HourEmployee(String initId, String initName, Date initBirthday,
            String initMobileTel, double initHourlySalary) {
        super(initId, initName, initBirthday, initMobileTel);
        hourSalary = initHourlySalary;
        weekRecords = new ArrayList<WeekRecord>();
```

```
}
/**
 * 获得工时雇员每小时的工资
 */
public double getHourSalary() {
    return hourSalary;
}
/**
 * 为当前雇员添加新的周工作记录
 * @param weekRecord 将要被添加的新的工作记录
 */
public void addWeekRecord(WeekRecord weekRecord) {
    weekRecords.add(weekRecord);
}
/**
 * 返回迭代器,以访问 HourlyEmployee 的周工作记录
 *
 * @return   an {@link Iterator} of {@link DayRecord}
 */
public Iterator<WeekRecord> iterator() {
    return weekRecords.iterator();
}
/**
 * 按照给定日期检索雇员的周工作记录,该周工作记录中包含给定的日期
 * @param workDay 被检索的周中的某一个日期
 * @return 该雇员的目标日期所在的周的工作记录
 */
public WeekRecord getWeekRecord(Date workDay) {
    for (WeekRecord weekRecord : weekRecords) {
        if (weekRecord.getDayRecord(workDay) ! = null)
            return weekRecord;
    }
    return null;
}
/**
```

```
 * 获得雇员周工作记录的数量
 */
public int getNumberOfWeekRecord() {
    return weekRecords. size();
}
/ * *
 * 返回工时雇员当前可以领到的工资
 */
public double getSalary(Date workDay) {
    double result = 0;
    //获得当前雇员目前所在周的工作记录
    WeekRecord weekRecord = getWeekRecord(workDay);
    for (DayRecord day : weekRecord)
        if (day. getHourCount() > 8) {
            result += 8 * hourSalary + (day. getHourCount() - 8) * 1.5
                * hourSalary;
        } else {
            result += day. getHourCount() * hourSalary;
        }
    return result;
}
}
```

示例 8.15 SaleRecord. java。

```
import java. util. ArrayList;
import java. util. Iterator;
/ *
 * 佣金雇员的销售记录,用于记录销售信息并计算薪水。
 * @author machunyan
 */
public class SaleRecord {
private ArrayList<SaleItem> saleItems;
    / * *
     * 构造一个空集合 {@link SaleItem}
     */
public SaleRecord() {
```

```java
        saleItems = new ArrayList<SaleItem>();
    }
    /* *
     * 为当前销售记录添加新的销售项
     * @param saleItem 将要被添加的新的工作记录
     */
    public void addSaleItem(SaleItem saleItem) {
        saleItems.add(saleItem);
    }
    /* *
     * 返回迭代器遍历销售清单的销售项
     */
    public Iterator<SaleItem>  iterator() {
        return this.saleItems.iterator();
    }
    /* *
     * 按照给定产品名检索雇员的销售项
     * @param productName 被检索的月中的某一个日期
     */
    public SaleItem getSaleItem(String productName) {
        for (SaleItem saleItem : saleItems) {
            if (productName.equals(saleItem.getProductName()))
                return saleItem;
        }
        return null;
    }
    /* *
     * 获得雇员销售项的数量
     */
    public int getNumberOfSaleItem() {
        return saleItems.size();
    }
    /* *
     * 返回此销售记录所涉及的销售总额
     */
```

```java
public double getSale() {
    double result = 0;
    for (SaleItem saleItem : saleItems) {
        result += saleItem.getPrice() * saleItem.getQuantity();
    }
    return result;
}
/**
 * 返回此销售记录的字符串表示形式
 */
public String toString() {
    String result = "";
    for (SaleItem saleItem : saleItems) {
        result += "\t" + saleItem.toString();
    }
    result += "total sale : " + getSale() + "\n";
    return result;
}
}
```

示例 8.16　CEMonthRecord.java。

```java
import java.util.*;
import java.sql.Date;
/*
 * 每月的工作记录,为佣金雇员保存本月内所有的日工作记录
 * @author machunyan
 */
public class CEMonthRecord {
    private ArrayList<DayRecord> dayRecords;//本月的所有日工作记录
    private SaleRecord saleRecord;
    /**
     * 初始化成员属性的构造函数
     * @param initCommission 佣金雇员的佣金率
     */
    public CEMonthRecord(SaleRecord initSaleRecord) {
        dayRecords = new ArrayList<DayRecord>();
```

```
            saleRecord = initSaleRecord;
    }
    / * *
     * 返回当前记录中的销售记录
     * /
    public SaleRecord getSaleRecord() {
        return saleRecord;
    }
    / * *
     * 为当前月工作记录添加新的日工作记录
     * @param dayRecord 将要被添加的新的工作记录
     * /
    public void addDayRecord(DayRecord dayRecord) {
        dayRecords. add(dayRecord);
    }
    / * *
     * 返回迭代器访问 CEMonthRecord 中的 DayRecord
     *
     * @return   an {@link Iterator} of {@link DayRecord}
     * /
    public Iterator<DayRecord> iterator(){
        return dayRecords. iterator();
    }
    / * *
     * 按照给定日期检索雇员的日工作记录
     * @param workDay 被检索的月中的某一个日期
     * /
    public DayRecord getDayRecord(Date workDay) {
        for (DayRecord dayRecord : dayRecords) {
            if (workDay. equals(dayRecord. getWorkDay()))
                return dayRecord;
        }
        return null;
    }
    / * *
```

```
     * 获得雇员日工作记录的数量
     */
    public int getNumberOfDayRecord() {
        return dayRecords. size();
    }
    /**
     * 返回此工作记录的字符串表示形式
     */
    public String toString() {
        String result = "";
        for (DayRecord dayRecord : dayRecords) {
            result += "\t" + dayRecord. toString();
        }
        result += saleRecord. toString();
        return result;
    }
}
```

示例 8.17　NCEMonthRecord. java。

```
import java. util. * ;
import java. sql. Date;
/*
* 每月的工作记录,为非佣金雇员保存本月内所有的日工作记录
* @author machunyan
*/
public class NCEMonthRecord {
    private ArrayList<DayRecord> dayRecords; //本月的所有日工作记录
    public NCEMonthRecord() {
        dayRecords = new ArrayList<DayRecord>();
    }
    /**
     * 为当前日工作记录添加新的日工作记录
     * @param dayRecord 将要被添加的新的工作记录
     */
    public void addDayRecord(DayRecord dayRecord) {
        dayRecords. add(dayRecord);
```

```java
}
/**
 * 返回迭代器访问 NCEMonthRecord 中的 DayRecord
 *
 * @return    an {@link Iterator} of {@link DayRecord}
 */
public Iterator<DayRecord> iterator(){
    return dayRecords. iterator();
}
/**
 * 按照给定日期检索雇员的日工作记录
 * @param workDay 被检索的月中的某一个日期
 */
public DayRecord getDayRecord(Date workDay) {
    for (DayRecord dayRecord : dayRecords) {
        if (workDay. equals(dayRecord. getWorkDay()))
            return dayRecord;
    }
    return null;
}
/**
 * 获得雇员日工作记录的数量
 */
public int getNumberOfDayRecord() {
    return dayRecords. size();
}
/**
 * 返回此工作记录的字符串表示形式
 */
public String toString() {
    String result = "";
    for (DayRecord dayRecord : dayRecords) {
        result += "\t" + dayRecord. toString();
    }
    return result;
```

```
    }
}
```

示例 8.18　CommissionEmployee. java。

```java
import java. util. * ;
import java. sql. Date;
/ *
 *普通雇员中的佣金雇员类。佣金雇员每月末结算薪水。
 * @author machunyan
 * /
public class CommissionEmployee extends GeneralEmployee {
    private  ArrayList＜CEMonthRecord＞  cEMonthRecords; //佣金雇员的月工作
    记录
    / * *
     * 初始化雇员基本信息的构造函数
     * @param initId 雇员的唯一身份标识
     * @param initName 雇员的名字
     * @param initBirthday 雇员的出生日期
     * @param initMobileTel 雇员的联系方式
     * @param initMonthlySalary 普通雇员每月的工资
     * /
    public CommissionEmployee(String initId, String initName,
            Date initBirthday, String initMobileTel, double initMonthlySalary) {
        super(initId, initName, initBirthday, initMobileTel, initMonthlySalary);
        cEMonthRecords ＝ new ArrayList＜CEMonthRecord＞();
    }
    / * *
     * 为当前雇员添加新的月工作记录
     * @param cEMonthRecord 将要被添加的新的工作记录
     * /
    public void addCEMonthRecord(CEMonthRecord cEMonthRecord) {
        cEMonthRecords. add(cEMonthRecord);
    }
    / * *
     * 返回迭代器访问 WeekRecord 中的 DayRecord
     *
```

```
    * @return    an {@link Iterator} of {@link DayRecord}
    */
   public Iterator<CEMonthRecord> iterator(){
       return cEMonthRecords. iterator();
   }
   /* *
    * 按照给定日期检索雇员的月工作记录，该月工作记录中包含给定的日期
    * @param workDay 被检索的月中的某一个日期
    * @return 该雇员的目标日期所在的月的工作记录
    */
   public CEMonthRecord getCEMonthRecord(Date workDay) {
       for (CEMonthRecord cEMonthRecord : cEMonthRecords) {
           if (cEMonthRecord. getDayRecord(workDay) ! = null)
               return cEMonthRecord;
       }
       return null;
   }
   /* *
    * 获得雇员月工作记录的数量
    */
   public int getNumberOfCEMonthRecord() {
       return cEMonthRecords. size();
   }
   /* *
    * 返回佣金雇员当前可以领到的工资数额
    */
   public double getMonthSalary(Date day) {
       double result = getFixMonthSalary();
       double sale;
       for (CEMonthRecord record : cEMonthRecords) {
           sale = record. getSaleRecord(). getSale();
           if (sale > 200000) {
               //超过 20 万元的部分按照超过部分的 15％作为佣金
               result += (sale - 200000) * 0. 15;
               //超过 10 万元到 20 万元之间的部分：
```

```
                    result += 10000；
                } else if (sale > 100000){
                        //超过 10 万的部分按照超过部分的 10%作为佣金
                        result += (sale - 100000) * 0.1；
                }
        }
        return result；
    }
}
```

示例 8.19　NonCommissionEmployee. java。

```java
import java. util. * ；
import java. sql. Date；
/ *
 * 普通雇员中的非佣金雇员类。非佣金雇员每月末结算薪水
 * @author machunyan
 * /
public class NonCommissionEmployee extends GeneralEmployee {
    private ArrayList<NCEMonthRecord> nCEMonthRecords；//非佣金雇员的月工
    作记录
    / * *
     * 初始化雇员基本信息的构造函数
     * @param initId 雇员的唯一身份标识
     * @param initName 雇员的名字
     * @param initBirthday 雇员的出生日期
     * @param initMobileTel 雇员的联系方式
     * @param initMonthlySalary 普通雇员每月的工资
     * /
    public NonCommissionEmployee(String initId, String initName,
        Date initBirthday, String initMobileTel, double initMonthlySalary) {
            super(initId, initName, initBirthday, initMobileTel, initMonthlySalary)；
            nCEMonthRecords = new ArrayList<NCEMonthRecord>()；
    }
    / * *
     * 为当前雇员添加新的月工作记录
     * @param nCEMonthRecord 将要被添加的新的工作记录
```

```java
    */
    public void addNCEMonthRecord(NCEMonthRecord nCEMonthRecord) {
        nCEMonthRecords. add(nCEMonthRecord);
    }
    /**
     * 返回迭代器访问 WeekRecord 中的 DayRecord
     *
     * @return    an {@link Iterator} of {@link DayRecord}
     */
    public Iterator<NCEMonthRecord> iterator(){
        return nCEMonthRecords. iterator();
    }
    /**
     * 按照给定日期检索雇员的月工作记录,该月工作记录中包含给定的日期
     * @param workDay 被检索的月中的某一个日期
     * @return 该雇员的目标日期所在的月的工作记录
     */
    public NCEMonthRecord getNCEMonthRecord(Date workDay) {
        for (NCEMonthRecord nCEMonthRecord : nCEMonthRecords) {
            if (nCEMonthRecord. getDayRecord(workDay) ! = null)
                return nCEMonthRecord;
        }
        return null;
    }
    /**
     * 获得雇员月工作记录的数量
     */
    public int getNumberOfNCEMonthRecord() {
        return nCEMonthRecords. size();
    }
}
```

第 9 章　多态性的 Java 编程实现

多态性是面向对象的特点之三,它是继承机制的特点。通常,多态性包括变量的多态性和方法的多态性两个方面。

(1)变量的多态性是指子类的对象都可以赋给基类类型的变量,这样,基类类型的变量可以指向自身类型的对象,也可以指向其任意子类类型的对象,称基类类型的变量是多态的变量。

(2)方法的多态性是指当通过基类类型的变量调用方法时,要根据基类类型的变量指向的具体类型,去绑定具体类型对象的方法体去执行。

本章将以 Java 程序为例从变量的多态性和方法的多态性两个方面理解面向对象的多态性。

9.1　变量的多态性

向上类型转型允许子类类型的对象当做基类类型的对象使用。例如示例 7.9,Person 类型的变量 person 可以指向 Person 类型的对象,也可以指向 Employee 类型的对象,即下面两种情况都是合法的。

Person person = new Person("xiao", "nwpu");

Person person = new Employee("xiao", "nwpu", 200);

可以看出 Person 类型的变量不但可以指向自身类型的对象 new Person("xiao", "nwpu"),还可以指向其子类型的对象 new Employee("xiao", "nwpu", 200)。因此,基类 Person 类型的变量可以指向不同类型的对象,是多态的,或者说 Person 类型的变量是多态的变量。

为了更为深刻地理解变量的多态性,这里再举一个较复杂的例子。如示例 9.1 所示,类 Shape 表示可以被绘制、擦拭、移动和着色的一类几何形状。类 Circle、类 Square 和类 Triangle 分别继承类 Shape,它们分别代表可以被绘制、擦拭、移动和着色的特定几何形状:圆形、正方形和三角形。由于在 main 方法中,定义了 Shape 数组类型的变量 s,所以,变量 s[i] 不但可以指向自身类型的对象 new Shape( ),还可以指向其子类型的对象 new Circle( ),new Square( )和 new Triangle( ),即基类 Shape 类型的变量 s[i] 是多态的变量。

示例 9.1　多态变量的演示。

```
/ *
 * 建模形状的类
 */
class Shape {
```

```java
    /* *
     * 绘制
     */
    void draw(){ }
    /* *
     * 擦拭
     */
    void erase(){ }
}
/* *
 * 建模圆的类
 */
class Circle extends Shape {
    /* *
     * 重写基类中绘制方法
     */
    void draw() {
        System. out. println("Circle. draw()");
    }
    /* *
     * 重写基类中擦拭方法
     */
    void erase() {
        System. out. println("Circle. erase()");
    }
}
/* *
 * 建模矩形的类
 */
class Square extends Shape {
    /* *
     * 重写基类中绘制方法
     */
    void draw() {
        System. out. println("Square. draw()");
```

```
    }
    /* *
     * 重写基类中擦拭方法
     */
    void erase() {
        System. out. println("Square. erase()");
    }
}
/* *
 * 建模三角形的类
 */
class Triangle extends Shape {
    /* *
     * 重写基类中绘制方法
     */
    void draw() {
        System. out. println("Triangle. draw()");
    }
    /* *
     * 重写基类中擦拭方法
     */
    void erase() {
        System. out. println("Triangle. erase()");
    }
}
public class Shapes {
    /* *
     * 随机创建 Shape 对象
     */
    public static Shape randShape() {
        switch((int)(Math. random() * 3)) {
            default：
            case 0：return new Circle();
            case 1：return new Square();
            case 2：return new Triangle();
```

```
        }
    }
    public static void main(String[] args) {
        //声明 Shape 类型的数组对象并初始化
        Shape[] s = new Shape[9];
        // 初始化数组元素
        for(int i = 0; i < s.length; i++){
            s[i] = randShape();
        }
    }
} ///:~
```

由示例 9.1 中的 main 方法的代码可以看出,多态的变量(Shape)使得程序员"忘记"了不同子类(Circle,Square, Triangle)之间的差异,它们都可以当做基类型(Shape)的对象来用,所以程序员可以撰写出示例 9.1 黑体部分的代码。

9.2 方法的多态性

对于示例 7.15 和示例 7.16,由于 Employee 类重写了从 Person 类继承的 toString( )方法,那么,对于示例 9.2 和示例 9.3 中,p. toString( )执行的是 Person 类的 toString( )方法体还是 Employee 类的 toString( )方法体?这就涉及方法的多态性。

示例 9.2 多态方法的演示 1。

Employee   employee = new Employee("Joe", "100 Ave", 3.0);

Person   person =   employee;

p. toString();

示例 9.3 多态方法的演示 2。

Person p = new Person("xiao", "nwpu");

p. toString();

对于语句 p. toString( ),Java 虚拟机会根据变量 p 指向的具体数据类型确定调用哪个方法体。上述 p 指向的具体数据类型为 Employee,所以,对于示例 9.2,p. toString( )执行的是 Employee 类的 toString( )方法体,对于示例 9.3,p. toString( )执行的是 Person 类的 toString( )方法体;根据多态变量 p 指向的具体数据类型,用同样的方法调用 p. toString 而执行不同的方法体,这就是方法的多态性。

在示例 9.1 中的 main 方法,增加调用 draw 方法 for 循环语句,形成示例 9.4。

示例 9.4 多态方法的演示 3。

```
/ * *
    * 建模形状的类
```

```
    */
class Shape {
    /* *
     * 绘制
     */
    void draw(){ }
    /* *
     * 擦拭
     */
    void erase(){ }
}
/* *
 * 建模圆的类
 */
class Circle extends Shape {
    /* *
     * 重写基类中绘制方法
     */
    void draw() {
        System. out. println("Circle. draw()");
    }
    /* *
     * 重写基类中擦拭方法
     */
    void erase() {
        System. out. println("Circle. erase()");
    }
}
/* *
 * 建模矩形的类
 */
class Square extends Shape {
    /* *
     * 重写基类中绘制方法
     */
```

```java
    void draw() {
        System. out. println("Square. draw()");
    }
    /* *
     * 重写基类中擦拭方法
     */
    void erase() {
        System. out. println("Square. erase()");
    }
}
/* *
 * 建模三角形的类
 */
class Triangle extends Shape {
    /* *
     * 重写基类中绘制方法
     */
    void draw() {
        System. out. println("Triangle. draw()");
    }
    /* *
     * 重写基类中擦拭方法
     */
    void erase() {
        System. out. println("Triangle. erase()");
    }
}
public class Shapes {
    /* *
     * 随机创建 Shape 对象
     */
    public static Shape randShape() {
        switch((int)(Math. random() * 3)) {
            default:
            case 0: return new Circle();
```

```
                case 1: return new Square();
                case 2: return new Triangle();
            }
        }
        public static void main(String[] args) {
            //声明 Shape 类型的数组对象并初始化
            Shape[] s = new Shape[9];
            //初始化数组元素
            for(int i = 0; i < s.length; i++){
                s[i] = randShape();
            }
            //多态方法调用的演示
            for(int i = 0; i < s.length; i++){
                s[i].draw();
            }
        }
    } ///:~
```

对于示例 9.4,面向对象程序员无须考虑变量 s[i]具体指向什么数据类型的对象,程序运行时根据变量 s[i]指向的具体对象类型,方法 s[i].draw()的调用和相应的类型中的方法体进行绑定,如果 s[i]指向 Square 类型的对象,方法 s[i].draw()的调用就会去执行类 Square 中的方法体,其余同理,示例 9.4 的执行结果如示例 9.5 所示。

可以看出,多态的变量使程序员"忘记"了不同子类的差异,程序代码的大部分都只操作基类的对象,但是多态的方法可以表达不同子类操作的差异。

示例 9.5　示例 9.4 的运行结果。

```
G:\test\源码演示>javac shapes.Java
G:\test\源码演示>Java Shapes
Square.draw()
Triangle.draw()
Circle.draw()
Triangle.draw()
Circle.draw()
Square.draw()
Circle.draw()
Square.draw()
Square.draw()
```

第 10 章　类设计和 Java 编程实现的高级主题

10.1　抽　象　类

有些事物是抽象存在的,只是一个概念,不存在具体事物。比如动物,世界上没有一个具体的事物叫动物,但世界上却有很多动物,比如老虎、狮子等。动物是抽象的事物,而老虎、狮子却是具体的事物。为了描述一个抽象的事物,Java 提供了抽象类的概念,用于描述抽象的事物,而一般非抽象类用于描述具体的事物。在本节的学习中,将学习抽象类的基本知识,并通过相关的实例讲解抽象类的使用方法。

10.1.1　抽象方法

一个方法通过添加 abstract 关键字可以定义为抽象方法。抽象方法只有方法声明,而没有方法体的定义。抽象方法仅包含方法的名称、参数列表、返回类型,但不包含方法主体。例如,定义一个抽象方法 sleep,格式如下:

```
public abstract void   sleep(int   hours);
```

10.1.2　抽象类

抽象方法必须被定义在抽象类中,即拥有抽象方法的类必须是抽象类。一个抽象类可以通过在 class 关键字前添加 abstract 关键字进行定义。类定义的格式如下:

```
public abstract class className {


}
```

在 UML 类图中,抽象类和抽象方法的表示有两种方式,一种方式是用斜体书写抽象类名和抽象方法,如图 10.1 所示的抽象类 Container;另一种方式是通过{abstract}属性对抽象类和抽象方法进行标记,如图 10.2 所示的抽象类 Container。

Container
+ComputerVolume():double

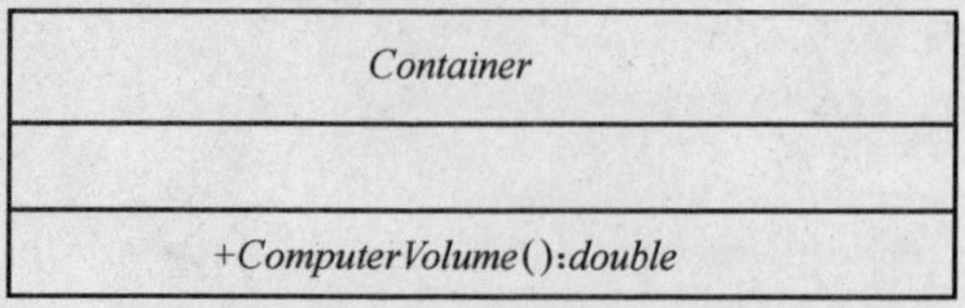

图 10.1　抽象类的表示 II

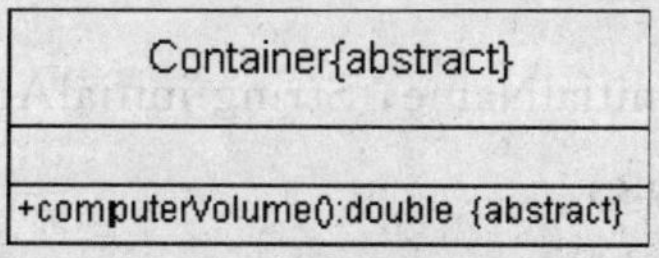

```
                    ┌─────────────────────────────────┐
                    │      Container{abstract}         │
                    ├─────────────────────────────────┤
                    │                                 │
                    ├─────────────────────────────────┤
                    │ +computerVolume():double {abstract} │
                    └─────────────────────────────────┘
```

图 10.2　抽象类的表示 I

示例 10.1 给出了抽象类 Container 的定义。抽象类也可以不包含抽象方法，如示例 10.2 所示。

示例 10.1　抽象类 Container 的定义。

```
/* *
 * 建模一个抽象意义的容器
 * @author author name
 * @version1. 0. 0
 */
public abstract class Container {
    //计算容积的抽象方法
    public abstract double   computeVolume();
}
```

示例 10.2　抽象类 Person 的定义。

```
/* *
 * 建模一个抽象意义的人
 * @author author name
 * @version1. 0. 0
 */
public abstract class Person   {
    /* 人的名字 */
    private String   name;
    /* 人的住址 */
    private String   address;
    /* *
     * 构造函数
     *
     * @param initialName 初始化人的名字
     * @param initialAddress 初始化人的住址
```

```
    */
    public Person (String initialName, String initialAddress) {
        name = initialName;
        address = initialAddress;
    }
    /**
     * 返回人的名字
     * @return 人的名字
     */
    public String getName() {
        return name;
    }
    /**
     * 返回人的住址
     * @return 人的住址
     */
    public String getAddress() {
        return address;
    }
}
```

抽象类和一般类一样,也是一种对象类型,可以通过它声明对象类型的变量,但是,不能创建抽象类实例。例如:

Container container;//可以

container = new Container();//不可以

抽象类是一种只可作为基类的类型,可以被扩展/继承,创建子类,如图 10.3 所示,继承的语法和含义与 7.1.1 节讲述的语法类似。子类可以为继承的抽象方法提供方法体,如果子类没有为所继承的抽象方法提供方法体,则该子类也必须被定义为抽象类。示例 10.3 和示例 10.4 是继承抽象类 Container 的两个子类 Wagon 和 Tank 的代码,它们分别为抽象类的computeVolume 的抽象方法提供了方法体,成为一般类。

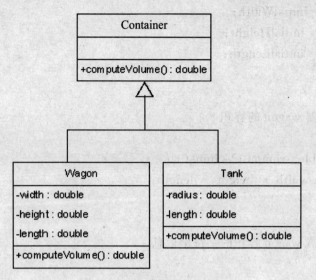

图 10.3 抽象类及其继承示例

示例 10.3 类 Wagon 的定义。

```
/ * *
 * 建模容器 Wagon,实现抽象意义的容器 Container
 * @author author name
 * @version1. 0. 0
 * /
public class  Wagon  extends  Container  {
    / * 容器 Wagon 的宽度 * /
    private double    width;
    / * 容器 Wagon 的高度 * /
    private double    height;
    / * 容器 Wagon 的长度 * /
    private double    length;
    / * *
     * 构造函数,为容器 Wagon 的长、宽和高初始化
     * @param initialWidth 初始化容器 Wagon 的宽度
     * @param initialHeight 初始化容器 Wagon 的高度
     * @param initialLength 初始化容器 Wagon 的长度
     * /
    public Wagon(double initialWidth,double initialHeight, double initialLength) {
```

```java
        width = initialWidth;
        height = initialHeight;
        length = initialLength;
    }
    /* *
     * 返回容器 wagon 的容积
     */
    public double  computeVolume() {
        return width * height * length;
    }
    /* *
     * 返回容器 wagon 容积的字符串信息
     */
    public String toString(){
        return "Wagon. computeVolume():";
    }
}
```

示例 10.4　类 Tank 的定义。

```java
/* *
 * 建模容器 Tank,实现抽象意义的容器 Container
 * @author author name
 * @version1. 0. 0
 */
public class  Tank  extends  Container  {
    /* 容器 Tank 的半径 */
    private double  radius;
    /* 容器 Tank 的长度 */
    private double  length;
    /* *
     * 构造函数,为容器 Tank 的长度和半径初始化
     * @param initialRadius 初始化容器 Tank 的半径
     * @param initialLength 初始化容器 Tank 的长度
     */
    public Tank(double initialRadius,double initialLength) {
        radius = initialRadius;
```

```
        length = initialLength;
    }
    /**
     * 返回容器 Tank 的容积
     */
    public double   computeVolume() {
        return Math. PI * radius * radius * length;
    }
    /**
     * 返回容器 Tank 容积的字符串信息
     */
    public String toString(){
        return "Tank. computeVolume();";
    }
}
```

所有继承抽象类的子类对象都可以赋值给抽象类的变量,例如:

Container container;

container = new Wagon(width, height, length);

container = new Tank((radius, length);

与一般类一样,基类 Container 类型的变量是多态的变量,抽象类中被子类继承并且提供方法体的方法 computeVolume( )是多态的方法,即继承抽象类 Container 子类中,所有与类 Container 所声明的函数特征 computeVolume( )相符的函数,都会通过动态绑定的机制调用,即根据 container 指向的具体数据类型调用相应的方法体。

在示例 10.1,示例 10.3,示例 10.4 的基础上,撰写程序 ContainerDemo. java 演示多态性,见示例 10.5。main 方法中数组 containers 中的每个元素 containers[i]($0 \leqslant i \leqslant 9$)都是多态的变量,方法 containers[index]. computeVolume()是多态的方法。该程序的运行结果参见示例 10.6。根据运行结果,可以帮助进一步理解多态的含义。

示例 10.5 ContainerDemo. Java。

```
/**
 * 演示抽象类机制的多态性的类
 * @author author name
 * @version1.0.0
 */
public class ContainerDemo {
    private static final String NEW_LINE = System. getProperty("line. separator");//
```

换行符

```
/* *
 * 随机生成容器类型的对象
 */
public static Container randContainer() {
    double width = Math.random() * 100;
    double height = Math.random() * 200;
    double length = Math.random() * 300;
    double radius = Math.random() * 400;
    switch((int)(Math.random() * 3)) {
        default：
        case 0：return new Wagon(width, height, length);
        case 1：return new Tank(radius, length);
    }
}
public static void main(String[] args){
    String out = "";
    //声明容器类型的数组,并初始化数组类型的对象
    Container[] containers = new Container[10];
    //为容器类型的数组元素赋值
    for (int index = 0; index<containers.length; index++){
        containers[index] = ContainerDemo.randContainer();
    }
    //为容器类型的数组元素赋值,多态方法的调用
    for (int index = 0; index<containers.length; index++){
        double volume = containers[index].computeVolume();
        out = out +containers[index] + volume + NEW_LINE;
    }
    System.out.println(out);
}
}
```

示例 10.6 示例 10.5 的运行结果。

G:\test\源码演示>javac Container.Java

G:\test\源码演示>javac Tank.Java

G:\test\源码演示>javac Wagon.Java

G:\test\源码演示＞javac ContainerDemo. Java

G:\test\源码演示＞Java ContainerDemo

Tank. computeVolume():2. 973216949318617E7

Wagon. computeVolume():1333462. 2399851186

Wagon. computeVolume():1005. 1464550502815

Wagon. computeVolume():809208. 682611333

Wagon. computeVolume():1583716. 0336589299

Tank. computeVolume():3332329. 711723496

Wagon. computeVolume():22158. 511201474666

Wagon. computeVolume():483547. 1602089258

Wagon. computeVolume():2492896. 6304093124

Tank. computeVolume():5883440. 844568507

10.1.3　抽象类的特点

将抽象类的特点总结如下：

(1)抽象类中可以没有抽象方法。

(2)含有抽象方法的类一定是抽象类。

(3)当抽象类实例没有存在的意义时,让客户端程序员无法创建抽象类的对象,并因此确保基类只是一个"接口"(而无实体),抽象类引用可以指向其子类型的对象。

(4)含有抽象方法的抽象类中共同的函数特征建立了一个基本形式(如示例 10.1 中的 computeVolume()),让程序员可以陈述所有继承该抽象类(Tank 和 Wagon)的共同点,任何子类都以不同的方法体(如示例 10.3 和示例 10.4 分别为方法 computeVolume()提供了方法体)来表现这一共同的函数特征。

10.2　接　　口

Java 中的接口在语法上同类有些相似,定义了若干个抽象方法和常量,形成一个属性和方法的集合。该集合通常对应了某一组功能,其主要作用是可以帮助实现类似于类的多重继承的功能。本节将阐述接口的基本知识,在此基础上,将接口、抽象类以及一般具体类进行了比较分析。

10.2.1　接口的定义

接口仅包含常量和抽象方法的定义,接口中的所有方法都默认是公共的和抽象的（public abstract）,常量默认是公开的静态常量（public static final）。在 UML 类图中,接口的表示方法如图 10.4 所示,在 Java 程序设计中,接口的定义通过关键字 interface。接口 Device 的实现如示例 10.7 所示。

图 10.4 接口 Device 的表示

示例 10.7 接口 Device。

```java
/ * *
 * 建模抽象的设备
 * @author author name
 * @version1.0.0
 */
public interface   Device {
    / * *
     * 关闭设备
     */
    void turnOff();
    / * *
     * 开启设备
     */
    void turnOn();
}
```

可以像定义一般类一样,在 interface 关键字前可以声明 public 或缺省的访问权限。和 public 类一样,public 接口也必须定义在与接口同名的文件中。

接口也是一种对象类型,可以声明该类型的变量,例如 Device device。

10.2.2 接口的实现

接口被扩展/继承称之为接口的实现。接口的实现不是通过关键字 extends,而是通过关键字 implements,实现接口的类负责为接口的方法提供方法体。如果实现接口的类没有为接口中的所有方法提供方法体,则该类必须定义为抽象类。所有实现 interface 的方法都必须被声明为 public。如图 10.5 表示类 TV,LightBulb 和 Stopwatch 实现了接口 Device,成为一般类。示例 10.8 和示例 10.9 分别是类 TV 和 LightBulb 的实现代码。

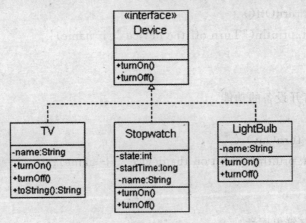

图 10.5 接口的实现

示例 10.8 实现接口 Device 的类 TV 定义。

```
importJava. io. * ;
/ * *
* 实现接口 Device 的类 TV 定义
* @author author name
* @version1. 0. 0
* /
public class TV  implements Device {
    / * 设备名 * /
    private String  name;
    public static void main (String[] args) {
        Device device = new TV("TV");
        device. turnOn();
        device. turnOff();
        System. out. println(device);
    }
    / * 初始化设备名 * /
    public TV (String initialName) {
        name = initialName;
    }
     / * *
      * 实现关闭设备的功能
     * /
```

```
    public void turnOff() {
        stdOut. println("Turn off the device " + name);
    }
    / * *
      * 实现打开设备的功能
     * /
    public void turnOn() {
        stdOut. println("Turn on the device " + name);
    }
    / * *
      * 返回字符串属性
     * /
    public String toString() {
        return "TV";
    }
}
```

示例 10. 9 实现接口 Device 的类 LightBulb 定义。

```
importJava. io. * ;
importJava. io. * ;
/ * *
 * 实现接口 Device 的类 LightBulb 定义
 * @author author name
 * @version1. 0. 0
 * /
public class LightBulb   implements Device {
    / * 设备名 * /
    private String   name;
    public static void main (String[] args) {

        Device device = new LightBulb("LightBulb");
        device. turnOn();
        device. turnOff();
    }
    / * 初始化设备名 * /
    public LightBulb (String initialName) {
```

```
            name = initialName;
        }
        /* *
         * 实现关闭设备的功能
         */
    public void turnOff() {
        stdOut. println("Turn off the device " + name);
    }
    /* *
     * 返回字符串属性
     */
    public void turnOn() {
        stdOut. println("Turn on the device " + name);
    }
}
```

对于所有实现接口的类,其对象都可以赋值给接口类型的变量。例如:

```
Device device = new TV("TV");
device = newLightBulb("LightBulb");
```

接口类型的变量(如 device)和接口声明的方法(如 turnOn 和 turnOff)都是多态的。实现
该接口的子类中所有与接口所声明的方法特征相符的方法,都会通过动态绑定的机制来调用。
通过示例 10.10 的运行结果示例 10.11,可以理解接口类型的变量和接口声明的方法的多
态性。

示例 10.10　接口类型的变量和方法多态性的演示。

```
importJava. io. * ;
/* *
 * 接口类型的变量和方法多态性的演示类
 * @author author name
 * @version1. 0. 0
 */
public class DeviceDemo {
    /* *
     * 随机生成 Device 类型的对象
     */
    public static Device randDevice() {
        switch((int)(Math. random() * 2)) {
```

```
            default：
            case 0：return new TV("TV")；
            case 1：return new LightBulb("LightBulb")；
        }
    }
    public static void  main(String[]  args) {
        //声明设备数组类型的变量,并初始化数组类型变量
        Device[] device = new Device[4]；
        //初始化设备数组的元素
        for (int index=0；index<4；index++){
            device[index] = DeviceDemo. randDevice()；
        }
        //演示多态的方法调用
        for (int index=0；index<4；index++){
            device[index]. turnOn()；
            device[index]. turnOff()；
        }
    }
}
```

示例 10. 11　示例 10. 10 的运行结果。

G：\test\源码演示>javac TV. Java

G：\test\源码演示>javac LightBulb. Java

G：\test\源码演示>javac DeviceDemo. Java

G：\test\源码演示>Java DeviceDemo

Turn on the device TV

Turn off the device TV

Turn on the device TV

Turn off the device TV

Turn on the device LightBulb

Turn off the device LightBulb

Turn on the device TV

Turn off the device TV

　　一个类在继承另外一个类的同时,可以实现多个接口。如示例 10. 11,使用接口能够实现子类型被向上转型至多个基类型,例如在示例 10. 12 中,Hero 类型的对象可以被向上转型为 ActionCharacter,CanFight, CanSwim 或 CanFly 接口类型的对象。

示例 10.12　实现多个接口的示例。

```java
interface CanFight {
    void fight();
}
interface CanSwim {
    void swim();
}
interface CanFly {
    void fly();
}
class ActionCharacter {
    public void fight() {
        System.out.println("ActionCharacter.fight()");
    }
}
//类 Hero 扩展类 ActionCharacter 的同时,实现接口 CanFight, CanSwim, CanFly
class Hero extends ActionCharacter   implements CanFight, CanSwim, CanFly {
    public void swim() {
        System.out.println("Hero.swim()");
    }

    public void fly() {
        System.out.println("Hero.fly()");
    }
}
public class Adventure {
    static void t(CanFight x) {
        x.fight();
    }
    static void u(CanSwim x) {
        x.swim();
    }
    static void v(CanFly x) {
        x.fly();
    }
```

```java
    static void w(ActionCharacter x) {
        x.fight();
    }
    public static void main(String[] args) {
        Hero h = new Hero();
        t(h); //将 Hero 对象当做接口 CanFight 类型的变量使用
        u(h); //将 Hero 对象当做接口 CanSwim 类型的变量使用
        v(h); //将 Hero 对象当做接口 CanFly 类型的变量使用
        w(h); //将 Hero 对象当做接口 ActionCharacter 类型的变量使用
    }
} ///:~
```

10.2.3 接口之间的继承

Java 不允许类的多重继承,但允许接口之间的多重继承,继承的多个接口之间用逗号分割,例如如下代码段:

```java
public interface MyInterface extends
        Interface1, Interface2 {
            void aMethod();
    }
```

示例 10.12 也可以通过接口之间的多重继承实现,如示例 10.13 所示。

示例 10.13 接口之间的的多重继承示例。

```java
interface CanFight {
    void fight();
}
interface CanSwim {
    void swim();
}
interface CanFly {
    void fly();
}
//接口的多重继承
interface Animal extends CanFight,CanSwim,CanFly {
    void run();
}
class ActionCharacter {
```

```java
    public void fight() {
        System. out. println("ActionCharacter. fight()");
    }
}
//类 Hero 扩展 ActionCharacter,实现接口 Animal
class Hero extends ActionCharacter   implements Animal {
    public void swim() {
        System. out. println("Hero. swim()");
    }
    public void fly() {
        System. out. println("Hero. fly()");
    }
}
public class Adventure {
    static void t(CanFight x) {
        x. fight();
    }
    static void u(CanSwim x) {
        x. swim();
    }
    static void v(CanFly x) {
        x. fly();
    }
    static void w(ActionCharacter x) {
        x. fight();
    }
    public static void main(String[] args) {
        Hero h = new Hero();
        t(h); //将 Hero 对象当做接口 CanFight 类型的变量使用
        u(h); //将 Hero 对象当做接口 CanSwim 类型的变量使用
        v(h); //将 Hero 对象当做接口 CanFly 类型的变量使用
        w(h); //将 Hero 对象当做接口 ActionCharacter 类型的变量使用
    }
} ///:~
```

10.2.4　接口的特点

接口的特点主要体现在下面三个方面：

(1)接口可以实现子类型被向上转型至多个基类类型。

(2)接口对象没有存在的意义,让客户端程序员无法产生接口类型的对象,并因此确保这只是一个"接口"(而无实体)。

(3)接口建立了一个基本形式(如示例 10.7 接口 Device),让程序员可以陈述所有实现该接口(如类 TV 和 LightBulb 实现了接口 Device)的共同方法特征(如实现接口的类都有 turnOn 和 turnOff 方法),任何实现该接口的子类(如类 TV 和 LightBulb)都以不同的方法体(如示例 10.8 和示例 10.9 分别为方法 turnOn 和方法 turnOff 提供了方法体)来表现接口中陈述的共同的方法特征。

10.3　接口与抽象类及一般类的比较

在面向对象的概念中,所有的对象都是通过类来描绘的,但是反过来却不是这样的。并不是所有的类都是用来描绘对象的,如果一个类中没有包含足够的信息来描绘一个具体的对象,这样的类就是抽象类或接口。抽象类或接口常用来描述对问题领域进行分析、设计中得出的抽象概念,是对一系列看上去不同,但本质上相同的具体概念的抽象。例如,进行一个图形编辑软件的开发,就会发现问题领域存在着圆(circle)、三角形(triangle)这样一些具体概念,它们是不同的,但是它们又都属于图形形状(shape)这样一个概念,形状这个概念在问题领域是不存在的,它是一个抽象的概念。正是因为抽象的概念在问题领域没有对应的具体事物,因此用以描述抽象概念的抽象类或接口是不能够实例化的。

在面向对象领域,抽象类或接口主要用来实现类型隐藏,可以构造出一个固定的一组行为的抽象描述,但是这组行为却有任意的具体实现方式。这个抽象描述就是抽象类或接口,而这一组任意的具体实现则表现为所有可能的派生类。

抽象类与接口的主要区别如下:

(1)抽象类可以定义对象成员变量,而接口定义的均是不能被修改的静态常量(它必须是 static final 的,不过在 interface 中一般不定义数据)。

(2)抽象类可以有自己的实现方法(即为方法提供方法体),而接口定义的方法均是抽象的方法,没有方法体。

(3)抽象类可以定义构造函数,虽然不能直接调用构造函数创建抽象类对象,而接口不包含构造函数的定义。

(4)如果一个类继承一个抽象类,就不能再继承其他的具体的类或抽象类,而如果一个类实现一个接口,则还可以继承另外一个具体的类或抽象类,同时还可以实现许多其他的接口。

如果知道某个类将会成为基类,究竟应该使用接口、抽象类还是使用一般类?

对此问题,一般经验描述如下:

如果撰写的基类可以不带任何方法体定义或任何对象成员变量,应该优先考虑用接口,因为程序员能够藉以撰写出"可被向上转型为多个基类型别"的类;只有在必须带有方法体定义或对象成员变量时,才使用抽象类;或者当基类需要创建实例时,即基类实例有存在的意义,才使用一般具体类。

10.4　应用案例分析

在 2.3 节,通过公司雇员信息管理系统阐释了类图设计的基本步骤和经验,在设计的类图中,仅考虑基类是一般类,熟悉了接口和抽象类后,可以进一步考虑基类是否可以是抽象类或接口。例如,在公司雇员信息管理系统的静态类图设计中,基类的 Employee 和 GeneralEmployee 可以改为接口吗? 不可以,原因是它们中含有自己的实例变量和方法体定义,以便被其子类雇员所复用。基类 Employee 和 GeneralEmployee 可以改为抽象类吗? 可以,因为与 Employee 和 GeneralEmployee 对象没有存在的意义,用户关心的是它们的子类对象 HourEmployee,CommissionEmployee,以及 NonCommissionEmployee。所以,Employee 和 GeneralEmployee 最好建模为抽象类,以免用户误操作创建它们的对象。

根据图 2.15 所示的类图设计方案,FolderItem 是表述 File 和 Folder 两个类之间共性的基类。在该设计方案中,FolderItem 是一般类,由于 FolderItem 对象没有意义,所以它也可以是抽象类,如图 10.6 所示,但不可以是接口(因为它有属性 name,date,size),所以,在图 10.6 所示的设计方案中将 FolderItem 建模为抽象类。

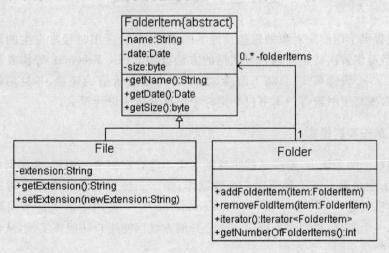

图 10.6　文件系统的类图 III

对于该文件系统,假设用户可以实现如下功能:

（1）显示文件系统中每个文件或文件夹的相关信息。

（2）显示指定文件夹中每个文件的相关信息。

在图 10.6 所示设计方案的基础上，增加驱动类 FileSystem，则如图 10.7 所示是文件系统最终的设计方案。

对于接口作为基类的案例分析，详见 10.5.2 节中的案例分析。

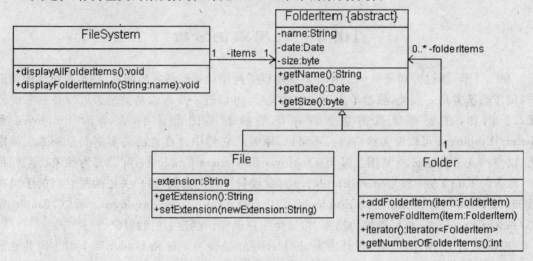

图 10.7　文件系统的最终设计方案

10.5　设 计 模 式

设计模式提供了用面向对象的思想设计不同系统、不同应用时经常发生的问题的解决方案，向编程人员提供解决特定问题的可依据的方法蓝图。Eric Freeman 等作者从面向对象的设计中精选出 23 个设计模式，总结了面向对象设计中最有价值的经验，并且用简洁可复用的形式表达出来，撰写了书籍[4]。本书仅介绍两个简单常用的设计模式。

10.5.1　单一实例模式

很多时候在一个系统中，希望某些特殊的对象不能存在多个。例如，公司只允许一个财务管理系统；Web 服务器只维护和管理一个数据库；操作系统只需要一个系统时钟等。设计模式中最基础的模式之一——单一实例模式（Singleton）——被用于解决这个问题。该模式仅允许创建类的一个实例，通过对外提供一个公开的方法以使用户访问该实例，从而保证类的所有使用者访问的都是同一个实例。

为了保证类 Singleton 的唯一实例存在，单一实例模式的类图设计如图 10.8 所示。

Singleton
-singletonInstance:Singleton
-Singleton() +getSingletonInstance():Singleton

图 10.8　单一实例模式类图

从图 10.8 所示可以看出,单一实例模式的类应满足如下要素:

(1)该类包含一个静态的私有属性(singletonInstance),并且该属性的数据类型是类自身(Singleton)。

(2)类的构造方法被定义成私有的,以防止用户使用 new 关键字构造实例。

(3)一个公共的静态方法返回该类的唯一实例,如果类实例不存在,则构造一个类实例,否则直接返回已存在的实例。

通过以上三点约束可以完全控制类的创建。无论该类被如何访问,返回的都是唯一生成的那个实例。

现设想如下场景:一个公司需要管理员工工资的发放方式,员工可以选择通过现金支付、邮局汇款和银行转账三种不同的支付方式。如果员工选择现金支付方式,则公司直接将员工的薪水以现金的方式支付;如果是邮局汇款,则公司会确认员工的邮政地址并将薪水邮寄给员工;银行转账方式在确认员工的银行账号之后将工资直接存入银行账号。

现在需要对该支付过程进行模拟,要求如下:当员工选择现金支付方式时,控制台输出员工的姓名、年龄、薪水起始计算时间;当员工选择邮局汇款方式时,控制台输出员工的姓名、年龄以及对应的邮政地址,让员工确认;银行转账方式要求输出员工的姓名、年龄和员工的银行账号信息。

考虑如下实现方案:使用单一实例模式设计一个类用于模拟三种不同的薪水支付方式,传入一个 BasicInformation 类的实例并且获取其中的内容从控制台输出,输出的格式由另一个传入参数 payMethod(表示薪水支付方式)决定。以按照单一实例模式的设计方法,薪水支付类可以以示例 10.14 实现。

示例 10.14　Payment. java。

```
public class Payment {
public static final int CASH = 0;
public static final int REMITTANCE = 1;  -
public static final int DEPOSIT = 3;
//其他的实例变量声明
    ……
//私有的静态属性,该类自身的一个实例
```

```java
    private static Payment singletonInstance；
    //私有的构造方法
    private Payment(){}
    //对外的静态方法,提供单一实例
    public static Payment getSingletonInstance() {
        //判断是否需要初始化单一实例
        if (singletonInstance == null) {
            singletonInstance = new Payment();
        }
        return singletonInstance；
    }
    //执行方法,模拟薪水支付
    public void pay(BasicInformation information, int payMethod) {
        System. out. println("name:" + information. getName());
        System. out. println("age:" + information. getAge());
        //对现金支付方式进行处理
        if (CASH == payMethod) {
            System. out. println("start time:" + information. getStartTime());
        } else //对邮局汇款方式进行处理
        if (REMITTANCE == payMethod) {
            System. out. println("mail address:" + information. getMailAddress());
        } else //对银行转账方式进行处理
        if (DEPOSIT == payMethod) {
            System. out. println("bank account:" + information. getBankAccount());
        }
    }
}
```

在实际应用中,下列情况可以考虑使用单一实例模式:

(1)需求描述:希望整个应用程序中只有一个重要类的实例。例如,希望整个应用程序中只有一个链接数据库的 Connection 实例。

(2)一个类有属性信息,其所有的属性信息的值是唯一的,而且只能访问,不能修改,即通过该类无论创建多少个对象,其所有对象的属性值都是一致的。例如存储西北工业大学软件学院联系方式的类 NWPUSoftCollInformation,它拥有如下实例属性:

1)名称(name);

2)地址(address);

3）邮编（postcode）；

4）联系电话（telephone）。

（3）一个类没有属性信息，只有实现功能的操作。

在第（2）（3）情况下，没有必要存在类的多个对象，使用单一实例模式可以节省内存。

对于上述单一实例模式的设计方案，很容易对其进行修改，以适应某些应用情景要求类的实例限制在一定数量的情况。一般，对单一实例类可以进行以下两处修改以满足要求。

1）增加私有静态变量，以统计由该类生成的对象的个数；

2）对返回唯一实例的公共静态方法体进行修改，使其可以返回类的若干实例，满足实例个数限制，例如，应用要求薪水支付类的实例个数限制为 6 个。

对示例 10.14 进行修改后如示例 10.15 所示。

示例 10.15　Payment. java。

```java
public class Payment {
public static final int CASH = 0;
public static final int REMITTANCE = 1;
public static final int DEPOSIT = 3;
//其他的实例变量声明
    ......
//私有的静态属性,该类自身的一个实例
private static Payment singletonInstance;
//增加的计数变量
    private static number = 0;
//私有的构造方法
private Payment(){}
//对外的静态方法,提供限制个数的实例
public static Payment getSingletonInstance() {
    //判断创建的实例个数是否满足限制
    if (number < 6) {
        singletonInstance = new ICarnegieInfo();
        number++;
    }
    return singletonInstance;
}
//执行方法,模拟薪水支付
```

```java
public void pay(BasicInformation information, int payMethod) {
    System.out.println("name:" + information.getName());
    System.out.println("age:" + information.getAge());
    //对现金支付方式进行处理
    if (CASH == payMethod) {
        System.out.println("start time:" + information.getStartTime());
    } else //对邮局汇款方式进行处理
    if (REMITTANCE == payMethod) {
        System.out.println("mail address:" + information.getMailAddress());
    } else //对银行转账方式进行处理
    if (DEPOSIT == payMethod) {
        System.out.println("bank account:" + information.getBankAccount());
    }
}
```

10.5.2 策略模式(Strategy)

1. 问题的提出

对于公司雇员信息管理系统,考虑将雇员的基本信息显示到控制台上。假设用户可以选择 XML,HTML 或 TXT 三种格式中的一种显示雇员基本信息,为了实现该功能,可能考虑用示例 10.16 所示的方式撰写类 EmployeeManagerSystem。方法 formatEmployees 返回用户要求格式的字符串,方法 run 根据用户的选择调用方法 formatEmployees 予以显示。

示例 10.16 EmployeeManagerSystem.java。

```java
public class EmployeeManagerSystem{
    private static BufferedReader  stdIn =
        new  BufferedReader(new  InputStreamReader(System.in));
    private static PrintWriter  stdOut =
     new  PrintWriter(System.out, true);
    private static PrintWriter  stdErr =
        new  PrintWriter(System.err, true);
    private ArrayList<Employee> employees;
    ......
    public static void  main(String[]  args) throws IOException {
```

```
        EmployeeManagerSystem  app = new  EmployeeManagerSystem();
    app. run();
}
......
public String formatEmployees (String strFormat) {
    String out;
    if (strFormat. equals("plain text")) {
        //txt 文本格式的雇员基本信息
        ......
    } else if (strFormat. equals("HTML")) {
        //html 格式的雇员基本信息
        ......
    } else if (strFormat. equals("XML")) {
        //xml 格式的雇员基本信息
        ......
    }
    return out;
}
private void run() throws IOException  {
    int   choice = getChoice();
    while (choice ! = 0)  {
        if (choice == 1)  {
            String out = app. formatEmployees("plain text",employees);
            ......
        } else if (choice == 2)  {
            app. formatEmployees("HTML",employees);
            ......
        } else if (choice == 3)  {
            app. formatEmployees("XML",employees);
            ......
        }
            ......
            choice = getChoice();
    }
```

```
        }
        / * *
         * Displays a menu of options and verifies the user's choice.
         * @return an integer in the range [0,3]
         * /
        private int   getChoice() throws IOException   {
            int   input;
            do   {
            try   {
                    stdErr. println();
                    stdErr. print("[0]   Quit\n"
                                + "[1]   Display Plain Text\n"
                                + "[2]   Display HTML\n"
                                + "[3]   Display XML\n"
                                + "choice> ");
                    stdErr. flush();
                    input = Integer. parseInt(stdIn. readLine());
                    stdErr. println();
                    if (0 <= input && 3 >= input)   {
                        break;
                    } else {
                        stdErr. println("Invalid choice：  " + input);
                    }
                } catch (NumberFormatException   nfe)   {
                    stdErr. println(nfe);
                }
            }   while (true);
                return   input;
            }
        }
```

上述方式解决显示雇员基本信息的问题有以下缺点：

(1)如果用三种格式显示雇员基本信息的代码较复杂,会使得方法 formatEmployees 的代码篇幅较长,相应的类 EmployeeManagerSystem 变得较庞大,致使类的维护较困难。

（2）类 EmployeeManagerSystem 包含了使用方法 formatEmployees 的代码以及实现该方法体的代码，尤其是方法 formatEmployees 较复杂，这与面向对象的原则"不要让一个类的负担过重"相违背。

（3）此种实现方案，如果增加新的算法或改变现有算法将十分困难。

如果采用策略模式解决上述问题，可以避免上述缺点。

2. 策略模式

在策略模式的设计中，三种格式显示雇员基本信息的代码将会分别封装在不同的三个类（PlainTextEmployeesFormatter，HTMLEmployeesFormatter，XMLEmployeesFormatter）中，每个类实现自己版本的方法 formatEmployees，如图 10.9 所示。三个类中方法实现同样的功能，都是返回表示雇员基本信息的字符串，方法的特征是一样的，所不同的是方法体的实现。可以充分利用面向对象多态机制的优势，进一步声明一个接口，作为这三个类的子类，接口中定义一个三个类共有的方法特征 formatEmployees，如图 10.10 所示。该图的设计方案就是策略模式的运用，这种方案可以避免示例 10.16 所示方案的缺点，与此同时，它又具有如下两个优势：

（1）为实现显示雇员基本信息的功能，所写的程序的大部分代码仅操作接口 EmployeesFormat 类型的变量即可，在如图 10.10 所示的设计方案中，EmployeeManagerSystem 可以通过接口 EmployeesFormat 类型的变量 employeeFormat 实现功能。

（2）可以轻易扩增新类（大部分程序代码都不会被影响），使设计便于阅读和维护。例如，用户要求用不同于上述三种方式的一种新方式显示雇员基本信息，程序员很容易撰写一个新类，它实现接口 EmployeesFormat，封装了显示雇员基本信息的新规则的实现代码。

如图 10.11 所示，给出了雇员信息管理系统如何实现将雇员的基本信息按用户选择的格式显示到控制台上的设计方案，在类 EmployeeManagerSystem 中：

（1）包含一个私有属性 employees 存储要显示的雇员信息。

（2）包含一个接口类型（EmployeesFormater）的私有关联变量 employeesFormater。

（3）方法 setEmployeesFormater(newFormatter：EmployeesFormater)根据用户的选择对变量 employeesFormater 进行赋值，其值可能是类 PlainTextEmployeesFormater 的对象、类 HTMLEmployeesFormater 的对象或类 XMLEmployeesFormater 的对象。

（4）方法 displayEmployees( )将会通过接口类型的变量 employeesFormater 激活方法 formatEmployees，根据方法的多态性，该方法的调用会根据变量 employeesFormater 指向的真正型别进行方法体的绑定。

示例 10.17～示例 10.22 给出了如图 10.11 所示策略模式的编程实现。

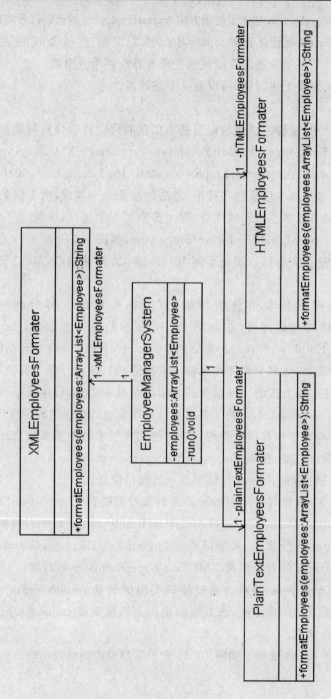

图10.9 不同格式表示的代码分别进行封装

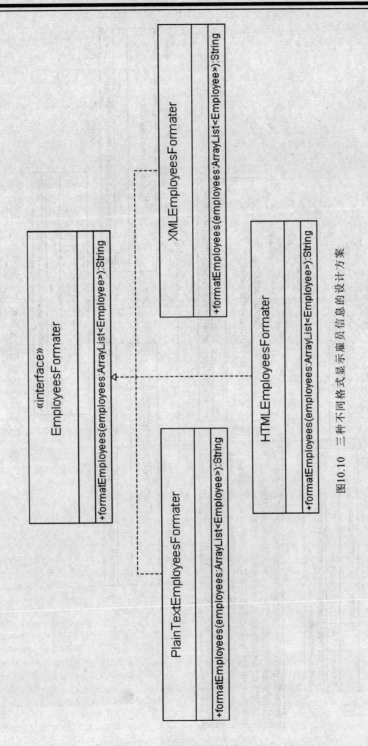

图10.10　三种不同格式显示雇员信息的设计方案

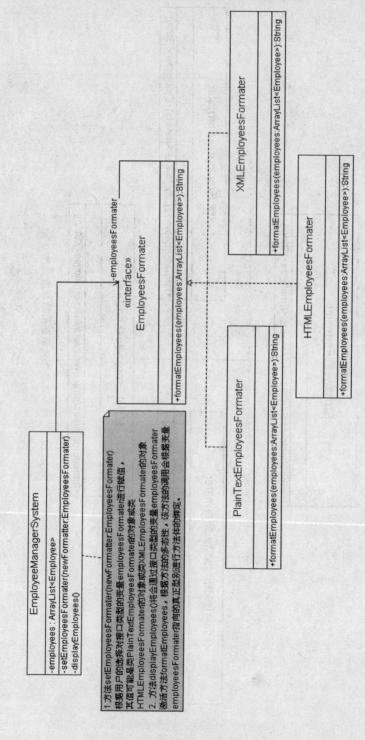

图10.11 雇员信息显示的策略模式

示例 10.17　EmployeesFormatter. java。

```java
import java. util. * ;
/ * *
 * 该接口定义一个返回雇员{@link Employee}信息字符串的方法
 *
 * @author author
 * @version   1. 0. 0
 * @see Employee
 * /
public interface EmployeesFormatter   {
    / * *
     * 获取雇员信息的字符串表示
     * @param employees   雇员容器
     * @return   雇员容器中所有雇员信息的字符串表示
     * /
    String formatEmployees (ArrayList<Employee> employees);
}
```

示例 10.18　PlainTextEmployeesFormatter. java。

```java
import java. util. * ;
/ * *
 * 该类实现了一个 formatEmployees 方法,该方法返回雇员基本信息的一个 txt 文本
 * 格式的表示
 * @author author
 * @version   1. 0. 0
 * @see Employee
 * /
public class PlainTextEmployeesFormatter implements EmployeesFormatter   {
    private final static String NEW_LINE = System. getProperty("line. separator");
    static private PlainTextEmployeesFormatter singletonInstance = null;
    / * *
     * 获取类 PlainTextEmployeesFormatter 的单一实例
     * <code>PlainTextEmployeesFormatter</code>
     *
     * @return 类 PlainTextEmployeesFormatter 的单一实例
     *          <code>PlainTextEmployeesFormatter</code>
```

```
     */
    static public PlainTextEmployeesFormatter getSingletonInstance(){
        if (singletonInstance == null) {
            singletonInstance = new PlainTextEmployeesFormatter();
        }
        return singletonInstance;
    }
    /*
     * 构造函数声明为私有,其他类就不能创建该类的实例
     */
    private PlainTextEmployeesFormatter() {
    }
    /**
     * 该方法返回雇员基本信息的一个 txt 文本
     * 格式的表示
     *
     * @param employees   雇员列表
     * @return 所有雇员信息的 txt 文本表示
     */
    public String formatEmployees (ArrayList<Employee> employees) {
        String out = "Borrower Database" + NEW_LINE;
        for (Employee employee : employees) {
            out += employee.getId() + "_" + employee.getName();
            out += NEW_LINE;
        }
        return out;
    }
}
```

示例 10.19　HTMLEmployeesFormatter. java。

```
    import java.util.*;
/**
 * 该类实现了一个 formatEmployees 方法,该方法返回雇员基本信息的一个 HTML
 * 格式的表示
 * @author author
 * @version  1.0.0
```

```
 * @see Employee
 */
public class HTMLEmployeesFormatterimplements EmployeesFormatter  {
    private final static String NEW_LINE = System. getProperty("line. separator");
    static private HTMLEmployeesFormatter singletonInstance = null;
    /* *
      * 获取类 HTMLEmployeesFormatter 的单一实例
      * <code>HTMLEmployeesFormatter</code>
      *
      * @return 类 HTMLEmployeesFormatter 的单一实例
      *          <code>HTMLEmployeesFormatter</code>
      */
    static public HTMLEmployeesFormatter getSingletonInstance() {
        if (singletonInstance == null) {
            singletonInstance = new HTMLEmployeesFormatter();
        }
        return singletonInstance;
    }
    /*
      * 构造函数声明为私有,其他类就不能创建该类的实例
      *
      */
    private HTMLEmployeesFormatter() {
    }
    /* *
      * 该方法返回雇员基本信息的一个 HTML
      * 格式的表示
      * @param employees   雇员列表
      * @return 所有雇员信息的 HTML 表示
      */
    public String formatEmployees (ArrayList<Employee> employees) {
        String out = "<html>"
                + NEW_LINE
                + "  <body>"
                + NEW_LINE + ""
```

```
            + "      <center><h2>the information of employees</h2></center>"
            + NEW_LINE;
    for (Employee employee : employees) {
        out += "      <hr>"
                + NEW_LINE
                + "      <h4>"
                + employee.getId()
                + " "
                + employee.getName()
                + " "
                + employee.getBirthday()
                + " "
                + employee.getMobileTel()
                + "</h4>"
                + NEW_LINE;
        out += "      </blockquote>" + NEW_LINE;
    }
    out += "  </body>" + NEW_LINE + "</html>";
    return out;
    }
}
```

示例 10.20 XMLEmployeesFormatter.java。

```
    import java.util.ArrayList;
/**
* 该类实现了一个 formatEmployees 方法,该方法返回雇员基本信息的一个 XML
* 格式的表示
* @author author
* @version  1.0.0
* @see Employee
*/
public class XMLEmployeesFormatterimplements EmployeesFormatter {
    private final static String NEW_LINE = System.getProperty("line.separator");
    static private XMLEmployeesFormatter singletonInstance = null;
    /**
    * 获取类 XMLEmployeesFormatter 的单一实例
```

```
 *  <code>XMLEmployeesFormatter</code>
 *
 *  @return 类 XMLEmployeesFormatter 的单一实例
 *          <code>XMLEmployeesFormatter</code>
 */
static public XMLEmployeesFormatter getSingletonInstance() {
    if (singletonInstance == null) {
        singletonInstance = new XMLEmployeesFormatter();
    }
    return singletonInstance;
}
/*
 * 构造函数声明为私有,其他类就不能创建该类的实例
 *
 */
private XMLEmployeesFormatter() {
}
/**
 * 该方法返回雇员基本信息的一个 XML
 * 格式的表示
 * @param employees   雇员列表
 * @return 所有雇员信息的 XML 表示
 */
public String formatEmployees (ArrayList<Employee> employees) {
    String out = "<the information of employees>" + NEW_LINE ;
    for (Employee employee : employees) {
        out += "   <Employee id=\""
                + employee. getId()
                + "\" name=\""
                + employee. getName()
                + "\" birthday=\""
                + employee. getBirthday()
                + "\" mobileTel=\""
                + employee. getMobileTel()
                + "\">"
```

```
                            + NEW_LINE;
        }
        out += "</the information of employees>";
        return out;
    }
}
```

示例 10.21　PlainTextEmployeesFormatter. java。

```java
    import java. util. *;
/* *
* 该类实现了一个 formatEmployees 方法,该方法返回雇员基本信息的一个 txt 文本
* 格式的表示
* @author author
* @version1. 0. 0
* @see Employee
*/
public class PlainTextEmployeesFormatter implements EmployeesFormatter   {
private final static String NEW_LINE = System. getProperty("line. separator");
    static private PlainTextEmployeesFormatter singletonInstance = null;
    /* *
    * 获取类 PlainTextEmployeesFormatter 的单一实例
    * <code>PlainTextEmployeesFormatter</code>
    *
    * @return 类 PlainTextEmployeesFormatter 的单一实例
    *        <code>PlainTextEmployeesFormatter</code>
    */
    static public PlainTextEmployeesFormatter getSingletonInstance(){
        if (singletonInstance == null) {
            singletonInstance = new PlainTextEmployeesFormatter();
        }
        return singletonInstance;
    }
    /*
    * 构造函数声明为私有,其他类就不能创建该类的实例
    *
    */
```

```java
    private PlainTextEmployeesFormatter() {
    }
    /* *
     * 该方法返回雇员基本信息的一个 txt 文本
     * 格式的表示
     * @param employees 雇员列表
     * @return 所有雇员信息的 txt 文本表示
     */
    public String formatEmployees (ArrayList<Employee> employees) {
        String out = "Borrower Database" + NEW_LINE;
        for (Employee employee : employees) {
            out += employee.getId() + "_" + employee.getName();
            out += NEW_LINE;
        }
        return out;
    }
}
```

示例 10.22 EmployeeManagerSystem.java。

```java
import java.io.*;
/* *
 * 该类建模一个信息管理系统
 * @author author
 * @version 1.1.0
 * @see Employee
 * @see EmployeesFormatter
 * @see PlainTextEmployeesFormatter
 * @see HTMLEmployeesFormatter
 * @see XMLEmployeesFormatter
 */
public class EmployeeManagerSystem{
    private static BufferedReader   stdIn =
        new   BufferedReader(new   InputStreamReader(System.in));
    private static PrintWriter   stdOut =
        new   PrintWriter(System.out, true);
    private static PrintWriter   stdErr =
```

```java
        new   PrintWriter(System. err, true);
    private ArrayList<Employee> employees;
    private EmployeesFormatter employeesFormatter;
    public static void   main(String[]   args) throws IOException {
        EmployeeManagerSystem   app = new   EmployeeManagerSystem();
        app. run();
    }
    ……
private ArrayList<Employee> loadEmployee() {
        //填充雇员容器 employees,返回 employees
        ……
    }
    private void run() throws IOException   {
        int   choice = getChoice();
        while (choice ! = 0)   {
            if (choice == 1)   {
                setEmployeesFormatter(
    PlainTextEmployeesFormatter. getSingletonInstance());
            } else if (choice == 2)   {
                setEmployeesFormatter(
                    HTMLEmployeesFormatter. getSingletonInstance());
            } else if (choice == 3)   {
                setEmployeesFormatter(
                    XMLEmployeesFormatter. getSingletonInstance());
            }
            displayEmployees();
            choice = getChoice();
        }
    }
    / * *
     * 显示可选菜单,验证用户的选择
     *
     * @return [0,3]之间的一个整数
     */
    private int   getChoice() throws IOException   {
```

```
        int    input;
        do   {
            try   {
                stdErr. println();
                stdErr. print("[0]   Quit\n"
                        + "[1]    Display Plain Text\n"
                        + "[2]    Display HTML\n"
                        + "[3]    Display XML\n"
                        + "choice> ");
                stdErr. flush();
                input = Integer. parseInt(stdIn. readLine());
                stdErr. println();
                if (0 <= input && 3 >= input)  {
                    break;
                } else {
                    stdErr. println("Invalid choice:   " + input);
                }
            } catch (NumberFormatException  nfe)  {
                stdErr. println(nfe);
            }
        }   while (true);
    return   input;
}
/ * *
 *  改变雇员信息显示的格式
 *
 *  @param newFormatter 雇员信息显示的格式
 * /
private void setEmployeesFormatter(EmployeesFormatter newFormatter){
    employeesFormatter = newFormatter;
}
/ * *
 *  Displays the borrowers in the current format.
 * /
private void displayEmployees() {
```

```
        stdOut. println(employeesFormatter. formatBorrowers(employees));
        }
    }
}
```

策略模式的思想是:分别用单一模块封装了各种策略并提供一个简单的接口,允许用户在不同策略之间进行灵活的选择。策略模式的设计类图如图 10.12 所示。类 ConcreteStrategyA,ConcreteStrategyB 和 ConcreteStrategyC 分别封装了具体的算法(即运算策略),Strategy 是它们公共的接口,类 Context 是应用环境,它包含了一个接口类型 (Strategy)的引用变量 strategy,同时:

(1)类 Context 拥有一个方法 setStrategy,该方法允许客户端代码指定要求的运算策略,即为变量 strategy 赋值为类 ConcreteStrategyA,ConcreteStrategyB 或 ConcreteStrategyC 的对象;

(2)类 Context 拥有一个方法 invokeStrategy,该方法允许客户端代码激活算法,即通过变量 strategy 激活方法 algorithm( ),实现方法的动态绑定。

整个策略模式的核心部分就是接口的使用,策略模式的使用可以在用户需要变化时,代码修改量很少,而且快速。

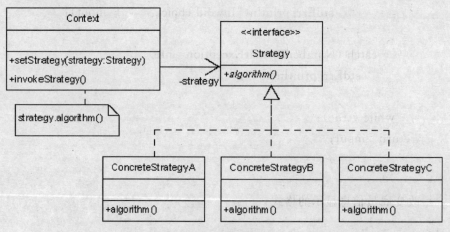

图 10.12 策略模式类图

3.策略模式的应用场合

为了实现一种功能,实现该功能的方式或算法有多种,在此种情况下可以考虑使用策略模式。例如,在以下的应用场合中,可以使用策略模式。

(1)以不同的格式保存文件。

(2)以不同的算法压缩文件。

(3)以不同的压缩算法截获图像。

(4)用不同的行分割策略显示文本数据。

(5)以不同的格式输出同样数据的图形化表示,比如曲线或框图等。

第 11 章 Java 数据流编程

数据流是 Java 语言的重要组成部分,提供了 Java 程序与外部设备之间的数据通道。通过输入流,Java 应用程序从文件等外界数据源读取数据;通过输出流,Java 应用程序将计算结果等数据保存到外部设备。本章将系统介绍 Java 的数据流编程技术。

11.1 Java I/O 概述

11.1.1 数据流基本概念

现代计算机具有多种类型的外部输入/输出(I/O)设备,如键盘、鼠标、显示器、打印机、扫描仪、摄像头、硬盘等。这些设备能够处理不同类型的数据,如音频数据、视频数据、字符数据等。如图 11.1 所示,在现代操作系统中,通过提供独立的 I/O 服务,使得应用程序能够独立于具体物理设备,方便程序编写。Java 语言在封装操作系统提供的 I/O 服务的基础上,提出数据流的抽象概念,以屏蔽不同数据类型和设备的差异,提供统一的数据读写方式,方便软件编程。

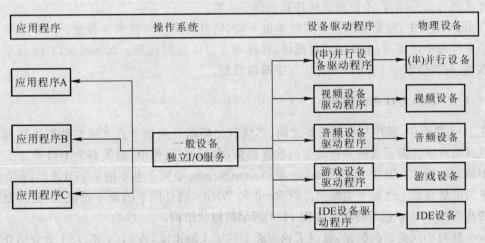

图 11.1 计算机 I/O 体系结构

在 Java 程序中,数据流根据其数据流向,分为输入流和输出流。输入流表示 Java 程序从外部设备中读取数据序列,如图 11.2 所示,逐个字节或逐个字符将数据读入到程序内存。输出流则表示 Java 程序将数据输出到目标外部设备,即如图 11.3 所示,将程序内存中数据逐个字节或逐个字符输出到外部设备。

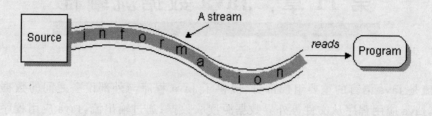

图 11.2　输入流

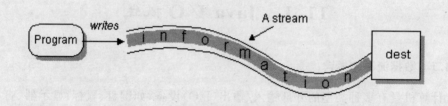

图 11.3　输出流

　　在数据流中,可以是没有加工的原始数据,也可以是符合某种格式规则的数据,如字符流、对象流等。数据流可以处理多种类型的数据。由于数据流是有顺序的数据序列,只能以先进先出方式进行数据读写,不能随意选择数据读写位置。

　　在 Java 语言中,根据数据流的数据单位不同,将其分为字节流和字符流。其中字节流是以 8 位字节为单位读写,主要用于对图像、视频等多媒体数据处理。而字符流以 16 位字节为单位读写,每次读取一个字符,适合读写字符串数据。

11.1.2　Java I/O 包介绍

　　在 Java 系统中,程序与外部设备之间、多线程之间以及网络节点之间的数据通信都统一采用数据流方式。为了支持多种类型的数据通信,在 java.io 包中,提供多个 I/O 类来支持各种类型的 I/O 操作。其中 InputStream 和 OutputStream 是两个基本抽象字节流类,所有其他字节流类都最终由上述两个类派生。而 Read 和 Writer 则是两个抽象字符流类,是其他字符流类的基类。java.io 包最终构成如图 11.4 所示的树状结构。

　　Java 针对不同类型的数据,提供了相应类型的输入输出流,表 11.1 和表 11.2 分别介绍了主要字节流和字符流类的功能。

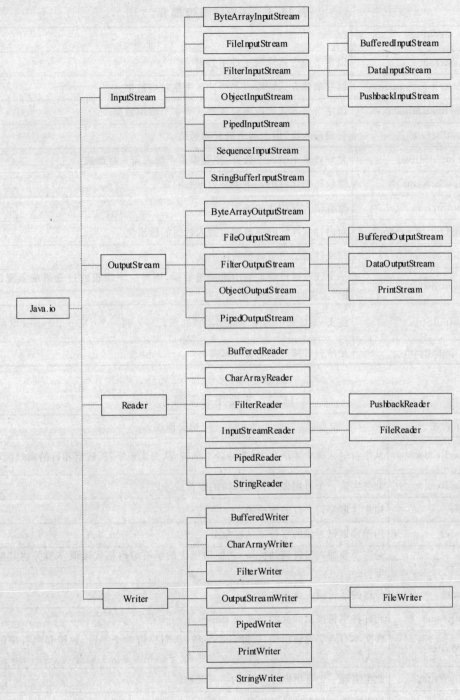

图 11.4　Java I/O 层次结构图

表 11.1　主要字节流简介

字节流	功能描述
FileInputStream	以字节流方式读取文件中数据
StringBufferInputStream	以字节流方式读取内存缓冲区中字符串数据
ByteArrayInputStream	以字节流方式读取内存缓冲区中字节数组数据
PipedInputStream	管道输入流，用于两个进程间通信
SequenceInputStream	允许将多个输入流合并，使其像单个输入流一样出现
ObjectInputStream	读取序列化后的基本类型数据和对象
FilterInputStream	所有输入过滤流的基类
ByteArrayOutputStream	向内存缓冲区的字节数组写入数据的输出流
FileOutputStream	向文件输出字节数据的输出流
PipedOutputStream	一个线程通过管道输出流发送数据，而另一个线程通过管道输入流读取数据，实现两个线程间的通信
ObjectOutputStream	将 Java 对象中的基本数据类型和图元写入到一个 OutputStream 对象中
FilterOutputStream	是所有过滤器输出流的父类

表 11.2　主要字符流简介

字符流	功能描述
CharArrayReader	从字符输入流中读取文本，缓冲各个字符，从而实现字符、数组和行的高效读取
CharArrayReader	此类实现一个可用做字符输入流的字符缓冲区
FileReader	用来读取字符文件的便捷类
FilterReader	用于读取已过滤的字符流的抽象类
InputStreamReader	是字节流通向字符流的桥梁：它使用指定的字符编码格式读取字节并将其解码为字符
PipedReader	传送的字符输入流
PushbackReader	允许将字符推回到流的字符流 reader
BufferedWriter	将文本写入字符输出流，缓冲各个字符，从而提供单个字符、数组和字符串的高效写入
CharArrayWriter	此类实现一个可用做 Writer 的字符缓冲区
FileWriter	用来写入字符文件的便捷类

续 表

字符流	功能描述
FilterWriter	用于写入已过滤的字符流的抽象类
OutputStreamWriter	OutputStreamWriter 是字符流通向字节流的桥梁:可使用指定的字符编码格式将要写入流中的字符编码成字节
PipedWriter	传送的字符输出流
PrintWriter	向文本输出流打印对象的格式化表示形式
StringReader	其源为一个字符串的字符流
StringWriter	一个字符流,可以用其回收在字符串缓冲区中的输出来构造字符串

11.2　Java 字节流

11.2.1　Java 抽象字节流

InputStream 类和 OutputStream 类是所有字节数据流类的基类,定义了公共的输入/输出操作,并且,由于是抽象类,没有提供输入/输出操作的具体实现,不能直接创建其实例对象。其余输入/输出字节流类都直接或者间接继承这两个抽象类,具体实现其所定义的输入/输出操作。

1. InputStream

InputStream 是输入字节流类的抽象基类,只定义了所有输入流类的公共抽象方法,由其继承子类负责提供具体实现。表 11.3 中介绍了 InputStream 类的主要方法。

表 11.3　InputStream 主要方法表

方法定义	功 能
read()	从流中读取一个字节数,所有其他的带参数的 read 方法都调用 read()方法
read(byte b[])	读多个字节到数组中,每次调用该方法,就读取相应数据到缓冲区,同时返回读到的字节数目,如果读完则返回—1
read(byte b[],int off,int len)	从输入流中读取长度为 len 的数据,写入数组 b 中,从 off 开始并返回读取的字节数,如果读完则返回—1
skip(long n)	跳过数据流中若干字节数
available()	返回数据流中不阻塞情况下还可用字节数(此方法通常需要子类覆盖,如果子类不覆盖,默认返回字节总数为 0)
mark()	在数据流中标记一个位置,可调用 reset 重新定向到此位置,进而再读
reset()	返回标记过的位置
markSupported()	能够支持标记和复位操作,如果子类支持返回 true,否则返回 false
close()	关闭数据流并释放相关的系统资源

示例 11.1 定义了 InputStream 类,从系统输入流读取键盘输入信息,然后将信息在控制台输出。

示例 11.1 InputStream 应用示例。

```
import java.io.InputStream;
public class InputE{
        public void   m(InputStream in){
            try{
                while(true){
                    int i = in.read();
                    if(i == -1)
                        return;
                    char c = (char)i;
                    System.out.println(c);
                }
            }catch(Exception e){
            }
        }
        public static void main(String args[]){
            InputE i = new   InputE();
            i.m(System.in);
        }
}
```

2. OutputStream

OutputStream 是输出字节流类的基类,也是抽象类。类中仅定义了所有输出流类的公共抽象方法,没有具体方法实现。表 11.4 所示介绍了 OutputStream 类的主要方法。

表 11.4 OutputStream 主要方法表

方法定义	功　能
write(int b) 抽象类	将一个整数输出到数据流中(只输出低八位字符)
write(byte b[])	将 b.length 个字节数组中的数据输出到数据流中
write(byte b[],int off,int len)	将数组 b 中从 off 制定的位置开始,长度为 len 的数据输出到数据流中
flush()	刷空输出流,并将缓冲区中的数据强制送出
close()	关闭数据流并释放相关的系统资源

示例 11.2 演示了如何使用 OutputStream 类,以字节流方式输出字符串信息。

示例 11.2　OutputStream 类应用示例。

```
//引入 I/O 包
import java.io.OutputStream;
import java.io.IOException;
public class OutputE{
    public static void main(String args[]){
        String str = "Hello World!";
        byte[] b;
        OutputStream out=System.out;
        b=str.getBytes();
        try{
            out.write(b);
            out.flush();
        }catch(IOException e){
            System.err.println(e);
        }
    }
}
```

11.2.2　Java 基本字节流

在 java.io 包中,提供多个具体数据流类,这些数据流类分别继承 InputStream 类和 OutputStream 类,实现对特定数据流的输入/输出处理。下面介绍几种主要的基本输入/输出字节流。

1. ByteArrayInputStream

ByteArrayInputStream 类用于读取程序内存的数据。该类将内存中字节数组作为数据缓冲区,构造为输入数据流,读取数据。当构造 ByteArrayInputStream 对象时,其构造函数须包含 byte[]类型数组作为数据源。该类重写了 InputStream 类的 read( ),available( ),reset( )和 skip( )等方法,其中 read( )方法重写后,将不再抛出 IOException 异常。具体构造函数如表 11.5 所示。

2. FileInputStream

FileInputStream 是文件输入流,以字节方式读取文件中数据。当创建 FileInputStream 对象时,其构造方法中需要以文件名或者 File 对象作为参数,以指定文件数据源。其构造函数如表 11.6 所示。

表 11.5　**ByteArrayInputStream 构造函数表**

构造函数	说　明
ByteArrayInputStream(byte[] buf)	创建一个新的字节数组输入流,从指定 buf 字节数组中读取数据
ByteArrayInputStream(byte[] buf, int offset, int length)	创建一个新字节数组输入流,从指定字节数组中读取数据。其中 buf 是包含数据的字节数组;offset 表示缓冲区中将读取的第一个字节的偏移量;length 表示从缓冲区中需要读取的最大字节数

表 11.6　**FileInputStream 构造函数表**

构造函数	说　明
FileInputStream(String name)	通过打开一个到实际文件的链接来创建一个 FileInputStream,该文件通过文件系统中的路径名 name 指定
FileInputStream(File filename)	通过打开一个到实际文件的链接来创建一个 FileInputStream,该文件通过文件系统中的 File 对象 file 指定

当构造 FileInputStream 类对象时,必须指定一个实际存在的文件,否则将引发 FileNotFoundException 异常。FileInputStream 类重写了 InputStream 的 read( ),skip( ), available( ),close( )等方法。

3. ByteArrayOutputStream

ByteArrayOutputStream 向字节数组缓冲区写入数据,该类使用字节数组缓冲区存放数据。在构造方法中可以指定初始字节数组的长度,也可以使用默认值。当字节数组不能容纳所有输出数据时,系统将自动扩大该数组长度。ByteArrayOutputStream 的构造函数和新增函数如表 11.7 所示。

表 11.7　**ByteArrayOutputStream 构造函数和新增函数表**

主要函数	说　明
ByteArrayOutputStream ( )	创建一个新的字节数组输出流
ByteArrayOutputStream (int size)	创建一个新的字节数组输出流,它具有指定大小的缓冲区容量(以字节为单位)
write(int b)	向输出流的字节数组缓冲区写入数据
write(byte[] b, int off, int len)	将指定 byte 数组中从偏移量 off 开始的 len 个字节写入此 byte 数组输出流
int size( )	得到输出流中的有效字节数
void reset( )	清除字节数组输出流的缓冲区
byte[] toByteArray( )	得到字节数组输出流缓冲区中的有效内容
void writeTo(OutputStream out)	将字节数组输出流中的内容写入到另一个输出流中

4. FileOutputStream

FileOutputStream 提供向 File 或 FileDescriptor 输出数据的输出流。FileOutputStream 有五种构造函数,具体如表 11.8 所示。

表 11.8　FileOutputStream 构造函数表

方　法	说　明
FileOutputStream(File file)	创建一个向指定 File 对象表示的文件中写入数据的文件输出流
FileOutputStream（File file, boolean append)	创建一个向指定 File 对象表示的文件中写入数据的文件输出流
FileOutputStream（FileDescriptor fdObj)	创建一个向指定文件描述符处写入数据的输出文件流,该文件描述符表示一个到文件系统中的某个实际文件的现有链接
FileOutputStream(String name)	创建一个向具有指定名称的文件中写入数据的输出文件流
FileOutputStream（String name, boolean append)	创建一个向具有指定 name 的文件中写入数据的输出文件流

示例 11.3 给出文件输入字节流的应用。在该示例中,首先创建文件输入流,逐个字节读取文件数据,并在屏幕上显示。

示例 11.3　文件输入字节流应用示例。

```
//FileInputStreamDemo. java
import java. io. * ;
public class FileInputStreamDemo {
    private static final String NEW_LINE =
            System. getProperty("line. separator");
    public static void main(String[] args) throws IOException {
        // 创建文件字节输入流
        FileInputStream readFile = new FileInputStream("FileInputStreamDemo. java");
        //字节方式读取文件数据
        int intTemp = readFile. read();
        while(intTemp! = -1){
            //屏幕输出所读取的字节数
            System. out. print((char)intTemp);
            intTemp = readFile. read();
        }
        readFile. close();
    }
}
```

11.2.3 Java 标准数据流

Java 语言提供三种标准数据流,方便 Java 应用程序与系统标准终端设备之间的数据交换。在 java.lang 包中的 System 类,负责管理 Java 运行时的系统资源和系统信息,其中包括标准输入流、标准输出流和错误流。System 类的所有属性和方法都是静态的,当调用其属性或者方法时,需要以类名 System 为前缀。

1. 标准输入流 System.in

标准输入流 System.in 继承 InputStream 类,用于从标准输入设备中读取数据。标准输入流重写了 InputStream 类的有关方法。默认情况下,System.in 从键盘读取输入的数据。当调用 read()方法读取键盘输入时,每次读取一个字节,其返回值类型为 int 型,可以通过强制类型转换为字符型。键盘具有数据缓存功能,通过 available()方法可获取缓存区中有效字节数。

2. 标准输出流 System.out

标准输出流 System.out 用于向默认的输出设备写入数据,系统默认标准输出设备为显示器。标准输出流 System.out 继承 PrintStream 类,通过 print()和 println()方法向标准输出设备输出数据。其中,println()方法在输出数据后自动换行,而 print()方法输出数据后不换行。

3. 标准错误流 System.err

标准错误流 System.err,继承 PrintStream 类,用于向默认输出设备输出错误信息,系统默认向屏幕输出程序异常信息。

示例 11.4 给出标准数据流示例,通过标准输入流读取用户键盘输入信息,并通过标准输出流显示在屏幕上。

示例 11.4 标准输入流示例。

```
//引入 I/O 包
import java.io.*;
public class StaticInput {
    public static void main (String[] args){
        char c;
        //标准输出流输出提示信息
        System.out.println("请输入用户信息:");
        try{
            //从标准输入流读取用户键盘输出
            c = (char)System.in.read();
            //获取标准输入流输入字节数
            int counter = System.in.available();
```

```
for(int i=1;i<counter;i++){
        //读取标准输入流输入字节,并通过标准输出流回显在屏幕
        System. out. println("第"+i+"个用户信息为"+c);
        c = (char)System. in. read();
    }
}catch(IOException e){
    System. out. println(e. getMessage());
    }
}
}
```

11.2.4　Java 字节过滤流

基本的数据流只支持对字节或字符数据简单读写。如果需要对数据进行高级处理,如数据缓存、按照数据格式处理等,该如何解决呢?基于面向对象思想,可以为每种高级数据处理创建不同子类实现。但该方法存在子类较多、难以将多个高级处理组合等问题。在 Java 语言中,则采用过滤流实现对数据的高级处理功能。

过滤流(Filtered Stream)是一种数据加工流,用于在数据源和程序之间增加对数据的高级处理步骤。如图 11.5 所示,一方面过滤流和所依赖的数据流之间具有关联关系,即数据流是其内部私有成员,能够对数据流中的原始数据做特定的加工、处理和变换操作;另一方面,过滤流也继承于抽象数据流,这样过滤流能够组成如图 11.6 所示的管道,对数据进行嵌套组合处理。

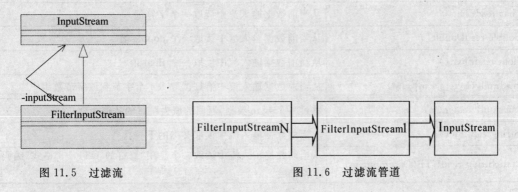

图 11.5　过滤流　　　　　　　　图 11.6　过滤流管道

1. FilterInputStream

FilterInputStream 能对输入数据做指定类型或格式的转换,如可实现对二进制字节数据的编码转换。FilterInputStream 重写了父类 InputStream 的所有方法,并且提供线程同步机制,避免多个线程同时访问同一 FilterInputStream 对象的冲突问题。

在使用过滤流时,首先必须将其链接到某个数据流上。通常在其构造方法参数中指定所要链接的数据流,FilterInputStream 构造函数如下:

protected FilterInputStream(InputStream in);

FilterInputStream 是抽象类,不能直接创建其实例,应使用其子类,对数据进行过滤处理。下面介绍主要的过滤输入流。

(1)BufferedInputStream。BufferedInputStream 是具有数据缓冲功能的过滤流,通过提供缓冲机制,能够提高数据读取效率。当其初始化时,不仅要链接数据流,还需要指定缓冲区大小,通常,缓冲区大小应该为物理内存页面或者磁盘块的整数倍。其构造方法如下:

BufferedInputStream(InputStream in[, int size])

(2)DataInputStream。DataInputStream 则支持直接读取数据流中的 int,char,long 等基本类型数据。DataInputStream 自动完成数据流中二进制字节数据的类型转换,并提供完整的方法接口,使应用程序能够直接读取基本类型数据。表 11.9 列出了 DataInputStream 常用方法。

表 11.9 DataInputStream 常用方法表

方　　法	说　　明
int read(byte[] b)	从所包含的输入流中读取一定数量的字节,并将它们存储到缓冲区数组 b 中
int read(byte[] b, int off, int len)	从所包含的输入流中将 len 个字节读入一个字节数组中
int readInt()	从当前数据输入流中读取一个 int 值
boolean readBoolean()	从当前数据输入流中读取一个 boolean 值
byte readByte()	从当前数据输入流中读取一个有符号的八位数
char readChar()	从当前数据输入流中读取一个字符值
double readDouble()	从当前数据输入流中读取一个 double 值
float readFloat()	从当前数据输入流中读取一个 float 值
readFully(byte[], int, int)	从当前数据输入流中恰好读取 len 个字节到该字节数组中
int skipBytes(int n)	跳过 n 个 byte 数据,返回的值为跳过的数据个数
StringreadLine()	从当前数据输入流中读取文本的下一行
staticString readUTF(DataInput in)	从当前数据输入流中读取一个已用"修订的 UTF−8 格式"编码的字符串

2. FilterOutputStream

FilterOutputStream 实现对输出数据流中数据的加工处理,实现对 OutputStream 方法重写。FilterOutputStream 也是抽象类,不能直接创建其实例对象。FilterOutputStream 的主要子类包括如下几种。

（1）BufferedOutputStream。BufferedOutputStream 提供对输出流数据的缓冲功能。当数据输出时，首先写入缓冲区，当缓冲区满时，再将数据写入所链接的输出流。其 flush()方法能够将缓冲区数据强制写入到输出流，清空缓冲区。通过缓冲区，其能够实现数据的成块输出，有效提高数据输出性能。其构造方法为

BufferedOutputStream（OutputStream in[，int size]）

（2）DataOutputStream。DataOutputStream 支持将 Java 基本类型数据直接输出到输出流。DataOutputStream 自动完成基本类型数据格式转换，并通过输出流输出。当初始化 DataOutputStream 对象时，需要指定其所链接的输出流。其常用方法如表 11.10 所示。

表 11.10　DataOutputStream 常用方法表

方　法	说　明
void write(int b)	将指定字节(参数 b 的八个低位)写入基础输出流
void write(byte[] b, int off, int len)	将指定字节数组中从偏移量 off 开始的 len 个字节写入基础输出流
void writeInt(int v)	将一个 int 值以 4-byte 值形式写入基础输出流中，先写入高字节
void writeBoolean(boolean v)	将一个 boolean 值以 1-byte 值形式写入基础输出流
void writeByte(int v)	将一个 byte 值以 1-byte 值形式写出到基础输出流中
void writeBytes(String s)	将字符串按字节顺序写出到基础输出流中
void writeChar(int v)	将一个 char 值以 2-byte 值形式写入基础输出流中，先写入高字节
void writeChars(String s)	将字符串按字符顺序写入基础输出流
void writeDouble(double v)	使用 Double 类中的 doubleToLongBits 方法将 double 参数转换为一个 long 值，然后将该 long 值以 8-byte 值形式写入基础输出流中，先写入高字节
void writeFloat(float v)	使用 Float 类中的 floatToIntBits 方法将 float 参数转换为一个 int 值，然后将该 int 值以 4-byte 值形式写入基础输出流中，先写入高字节
writeUTF(String)	使用独立于机器的 UTF-8 编码格式，将一个串写入该基本输出流

（3）PrintStream。PrintStream 将基本类型数据转换为字符串形式写入到输出流。其方法为首先调用基本数据类型对应的 toString()方法，将其转换为字符串，然后写入到链接的输出流中。当转换字符串时，默认使用平台缺省字符编码格式。PrintStream 提供两个主要方法：print()和 println()。其中 println()方法在输出数据后自动换行，而 print()方法输出数据后不换行。

在示例 11.5 中，首先以 FileOutputStream 为数据源创建 DataOutputStream 输出流，然

后向文件循环输出用户 id、用户名、薪水和密码等信息,最后调用其 size( )方法输出字符总数。

示例 11.5 过滤流示例。

```java
//引入 I/O 包
import java.io. * ;
public class DataOutput {
    public static void main(String[] args){
        try{
            DataOutputStream dataOut = new DataOutputStream(
            new FileOutputStream("Data"+File.separator+"Data.txt"));
            String s1 = "id";
            String[] str = {"userid","name","salary","password"};
            int[] members = {2,33,10000,111111};
        char in = System.getProperty("line.separator").charAt(0);
            dataOut.writeChars(s1);
            dataOut.writeChar(in);
            for(int i=0;i<members.length;i++){
                dataOut.writeChars(str[i]);
                dataOut.writeChar(in);
                dataOut.writeInt(members[i]);
            }
            System.out.println("总共输出:"+dataOut.size()+"个字符");
            dataOut.close();
        }catch(Exception e){
        }
    }
}
```

11.3 Java 字符流

Java 字符有 Unicode,GBK,UTF-8 等多种编码格式,其长度也有 1 个字节、2 个字节等多种长度。在基于字节流读写字符时,由于需要手工编码,程序编写复杂,易于出错。因此,在 JDK1.1 之后,java.io 包中增加了 Reader 和 Writer 等字符流,简化对字符数据的 I/O 处理。

11.3.1 Java 抽象字符流

Java 语言中所提供的字符流类都是基于 java.io 包中的 Reader 和 Writer 类。这是两个抽象类,只提供了一些用于处理字符流的接口,不能生成相应的实例,只能通过使用其继承的子类对象来具体处理字符流。

当处理字符流时,其核心问题是字符编码转换。Java 语言采用 Unicode 字符编码,对于每一个字符,Java 虚拟机为其分配两个字节的内存。而在文本文件中,字符可能采用其他类型的编码,如 GBK,UTF-8 等字符编码。因此,Java 中的 Reader 和 Writer 类必须在本地平台字符编码和 Unicode 字符编码之间进行编码转换,如图 11.7 所示。

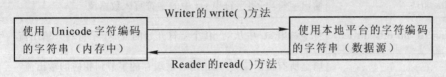

图 11.7　Unicode 字符编码和本地平台字符编码转换

1. Reader 字符流类

Reader 类是处理所有字符流输入类的基类,是抽象类,不能实例化。Reader 提供的主要方法如表 11.11 所示。

表 11.11　Reader 常用方法表

方　法	说　明
int read( )	从文件中读取一个字符
int read(char[ ] cbuf)	从文件中读取一串字符,并保存在字符数组 cbuf[]中
int read(char[ ] cbuf, int off, int len)	从文件中读取 len 个字符到数组 cbuf[]的第 off 个元素处
long skip(long n)	跳过字符,并返回所跳过字符的数量
Void mark(int readAheadLimit)	标记目前在数据流内的所在位置,直到再读入 readAheadLimit 个字符为止
Boolean	判断词数据流是否支持 mark()方法
void reset()	重新设定数据流
void close()	关闭输入流,该方法必须被子类实现。在一个数据流被关闭之后,再调用方法对该数据流进行的操作,将不会产生任何效果

2. Writer 字符流类

Writer 类是处理所有字符流输出类的基类,提供的主要方法如表 11.12 所示。

表 11. 12　Writer 主要方法表

方　法	说　明
void writer(int c)	输出单个字符,将 c 的低 16 位写入输出流
void writer(char[ ] cbuf)	将字符数组 cbuf[]中的字符写入输出流
void writer(char[ ] cbuf, int off, int len)	将字符数组 cbuf[]中从第 off 个元素开始的 len 个字符写入输出流
void writer(String str)	输出字符串,将字符串 str 中的字符写入数据流
void writer(String str, int off, int len)	将字符串 str 中从第 off 个字符开始的 len 个字符写入输出流
void　flush()	刷空所有输出流,并输出所有被缓存的字节到相应的输出流
void　close()	关闭输出流,该方法必须被子类实现。在一个数据流被关闭之后,再调用方法对该数据流进行的操作,将不会产生任何效果

11.3.2　Java 字符输入流

Java 语言提供多个具体字符输入流,它们继承于 Reader 字符流类,重写了 Reader 的抽象方法,实现对特定字符流的输入处理。下面介绍几种主要的字符输入流。

1. CharArrayReader

CharArrayReader 与 ByteArrayInputStream 相对应,在内存中构建缓冲区,用做字符输入流。当构建字符输入流时,需要指定其缓冲区。其构造方法如表 11. 13 所示,CharArrayReader 重写了 Reader 类的 mark( ),reset( ),skip( )等方法,并且在调用其close( )方法后,将关闭数据流,不能再从此数据流读取数据。

表 11. 13　CharArrayReader 构造方法表

方　法	说　明
CharArrayReader(char[] buf)	用指定字符数组创建一个 CharArrayReader
CharArrayReader(char[] buf, int offset, int length)	用指定字符数组创建一个 CharArrayReader

2. StringReader

StringReader 与 StringBufferInputStream 对应。StringReader 将字符串作为数据源构造字符输入流。当构造 StringReader 时,需要指定其输入字符串对象。其构造函数如下:

StringReader(String)

3. FileReader

FileReader 与 FileInputStream 对应。FileReader 将数据文件作为数据源构造字符输入流,实现对文件的读取操作。当构造 FileReader 数据流时,必须指定其文件数据源。当读取文件时,将采用系统缺省字符编码,并且 FileReader 没有重写 mark( ),reset( ),skip( )等方法。表 11.14 列出了 FileReader 的构造方法。

表 11.14 FileReader 构造函数表

构造函数	说　明
FileReader(File file)	建立一个 FileReader 流,并以 file 为源文件
FileReader(String fileName)	建立一个 FileReader 流,并以 fileName 为源文件的目录和名称

示例 11.6 构造一个 FileReader 输入流,该输入流以字符方式读入文件 DataReader. java 内容,并将其在屏幕上输出。

示例 11.6　文件字符输入流示例。

```
//引入 I/O 包
import java. io. * ;
public class DataReader {
    public static void main(String[] args) throws IOException {
        FileReader readFile = new FileReader("DataReader. java");
        int intTemp = readFile. read();
        System. out. println("The details of DataReader. java is as follow :");
        while(intTemp! = -1) {
            System. out. print((char)intTemp);
            intTemp = readFile. read();
        }
        readFile. close();
    }
}
```

11.3.3 Java 字符输出流

Java 语言提供多个具体字符输出流,它们继承于 Writer 抽象字符流类,重写了 Writer 的抽象方法,实现对特定字符流的输出处理。下面介绍几种主要的字符输出流。

1. CharArrayWriter

CharArrayWriter 与 ByteArrayOutputStream 对应,其构造内存缓冲区,用于输出字符数组。当构造 CharArrayWriter 输出流时,系统将按照指定大小或者默认值构造字符数组。如果输出字符超过字符数组容量,系统将自动扩充字符数组。CharArrayWriter 构造函数和主要方法如表 11.15 所示。

表 11.15 CharArrayWriter 主要函数表

方　法	说　明
CharArrayWriter()	建立一个 CharArrayWriter 流,目的数组的初始化长度为默认值
CharArrayWriter(int initialSize)	建立一个 CharArrayWriter 流,目的数组的初始化长度为 initialSize
void reset()	将 CharArrayWriter 的 count 字段值设为 0
int size()	返回目的数组的长度
char[] toCharArray()	返回一个新建的 char[]数组,其长度和数据与目的数组相同
String toString()	将目的数组的内容转换为一个字符串

2. StringWriter

StringWriter 将内存缓冲区数据输出为字符串。在构造 StringWriter 输出流时,系统将按照指定大小或者默认值初始化输出字符串。如果输出字符超过字符串长度,则系统将自动扩充字符串容量。StringWriter 构造函数如表 11.16 所示。

表 11.16 StringWriter 构造函数表

方　法	说　明
StringWriter()	建立一个 StringWriter 流,目的字符串的初始化长度为默认值
StringWriter(int initialSize)	建立一个 StringWriter 流,目的字符串的初始化长度为 initialSize

3. FileWriter

FileWriter 与 FileOutputStream 对应。FileReader 构造文件输出流,实现对文件的写操作。当构造 FileReader 数据流时,必须指定其目标文件。其构造函数如表 11.17 所示。

表 11.17 FileWriter 构造函数表

方　法	说　明
FileWriter(File file)	建立一个 FileWriter 流,目的文件为 file
FileWriter(File file, boolean append)	建立一个 FileWriter 流,目的文件为 file,如果 append 为 true 则数据接在 file 文件数据之后,否则写到 file 文件开头

示例 11.7 创建 FileWriter 输出流,将字符串 s 中字符输出到文件中。

示例 11.7 Java 字符输出流应用示例。

```
//引入 I/O 包
import java.io.*;
public class DataWriter {
    private static final String NEW_LINE = System.getProperty("line.separator");
```

```
public static void main(String[] args) throws IOException {
    FileWriter writeFile = new FileWriter("out. txt");
    String s = "This is a file about Writer," + NEW_LINE
            + "We can writer this to a new file." + NEW_LINE
            + "Now you can read the details...";
    for(int i=0;i<s. length();i++){
        writeFile. write(s. charAt(i));
    }
    writeFile. close();
}
}
```

11.3.4 Java 字符过滤流

为了实现对字符数据的高级处理功能,Java 语言提供相应的字符过滤流。这些字符过滤流与对应的字节过滤流具有相似功能,下面将介绍常用的几种字符过滤流。

1. BufferedReader

BufferedReader 对应于 BufferedInputStream,提供对字符数据输入的缓冲功能。当构造 BufferedReader 时,需要指定其链接的数据流和缓冲区大小。其构造函数如表 11.18 所示。

表 11.18 BufferedReader 构造函数

方　法	说　明
BufferedReader(Reader in)	创建一个使用默认大小输入缓冲区的缓冲字符输入流
BufferedReader(Reader in，int sz)	创建一个使用指定大小输入缓冲区的缓冲字符输入流

BufferedReader 提供 readLine( )方法,支持读取一行文本,其返回值为行所包含字符串,不包含换行符。如果已读到数据流末尾,则返回"null"值。BufferedReader 常用于逐行读取键盘,或者文件数据。

当逐行读取键盘输入时,需要链接标准输入流,并调用 readLine( )方法逐行读取键盘输入。其代码示例如下:

BufferedReader stdIn =
    New BufferedReader(new InputStreamReader(System. in))
String input = stdIn. readLine();

当逐行读取文件数据时,首先构造输入流 FileReader 对象,FileReader 构造函数以文件名为参数,并负责打开文件。如果文件不存在,则会抛出异常 FileNotFoundException,然后构造 BufferedReader 数据流对象,链接到该 FileReader 数据流。最后调用 BufferedReader 数据流

对象的 readLine( )方法,逐行读取文件数据。其代码示例如下:

```
BufferedReader fileIn= new BufferedReader(new FileReader(filename));
String  line =   fileIn. readLine();
while (line ! = null)  {
     // process line
      line = fileIn. readLine();
}
```

2. BufferdWriter

BufferdWriter 对应于 BufferedOutputStream,提供对字符数据输出的缓冲功能。当构造 BufferdWriter 时,需要指定其链接的输出字符数据流和缓冲区大小。其构造函数如表 11.19 所示。

表 11.19　BufferdWriter 构造函数

方　法	说　明
BufferedWriter(Writer out)	创建一个使用默认大小输出缓冲区的缓冲字符输出流
BufferedWriter(Writer out, int sz)	创建一个使用给定大小输出缓冲区的新缓冲字符输出流

3. PrintWriter

PrintWriter 与 PrintStream 对应,PrintWriter 支持对象的格式化输出。PrintWriter 实现了 PrintStream 中所有 print 方法,并且在调用方法时,不会抛出 I/O 异常。如果需要检查是否存在错误,则需要调用其 checkError( )方法。PrintWriter 的构造函数和主要方法如表 11.20所示。

表 11.20　PrintWriter 主要函数表

方　法	说　明
PrintWriter(File file)	使用指定文件创建不具有自动行刷新的新 PrintWriter
PrintWriter(String fileName)	建立一个 FileWriter 流,目的文件为 file,如果 append 为 true 则数据接在 file 文件数据之后,否则写到 file 文件开头
PrintWriter(Writer out)	根据现有的 Writer 创建不带自动行刷新的新 PrintWriter
PrintWriter(OutputStream out)	根据现有的 OutputStream 创建不带自动行刷新的新 PrintWriter
PrintWriter(File file, String csn)	创建具有指定文件和字符集且不带自动行刷新的新 PrintWriter
checkError( )	如果流没有关闭,则刷新流且检查其错误状态
clearError( )	清除数据此流的错误状态
format(String format, Object... args)	使用指定格式字符串和参数将一个格式化字符串写入此 writer 中
print(String s)	打印字符串
println(Object x)	打印 Object,然后终止该行

示例 11.8 中,构造 BufferedReader 对象,逐行读取源文件数据,然后构造 PrintWriter 对象,向目标文件逐行输出。

示例 11.8　Java 字符过滤流应用示例。

```java
import java.io. * ;
/ * *
 * Makes a copy of a file.
 * @author   author name
 * @version   1.0
 * /
public class CopyFile   {
    / * Standard input stream * /
    private static BufferedReader   stdIn =
            new BufferedReader(new   InputStreamReader(System.in));
    / * Standard output stream * /
    private static PrintWriter   stdOut =
            new PrintWriter(System.out, true);
    / * Standard error stream * /
    private static PrintWriter   stdErr =
            new PrintWriter(System.err, true);
    / * *
     * Makes a copy of a file.
     *
     * @param args not   used.
     * @throws IOException If an I/O error occurs.
     * /
    public static void   main(String[]   args) throws IOException   {
        stdErr.print("Source filename: ");
        stdErr.flush();
        BufferedReader input =
            new BufferedReader(new FileReader(stdIn.readLine()));
        stdErr.print("Destination filename:   ");
        stdErr.flush();
        PrintWriter output =
            new PrintWriter(new FileWriter(stdIn.readLine()));
        String   line = input.readLine();
```

```
        while (line ! = null)  {
            output. println(line);
            line = input. readLine();
        }
        input. close();
        output. close();
        stdOut. println("done");
    }
}
```

11.4　Java I/O 编程

11.4.1　Java 文件编程

File 是文件和目录路径名的抽象表示形式。File 既可以代表一个特定文件的名称,也可代表一个文件目录。通常,File 类实例创建后,其所表示的文件路径名将不能改变。File 类的主要构造方法如表 11.21 所示。

表 11.21　File 类构造函数表

方　法	说　明
File(File parent, String child)	根据 parent 抽象路径名和 child 路径名字符串创建一个新 File 实例
File(String pathname)	通过将给定路径名字符串转换成抽象路径名来创建一个新 File 实例
File(String parent, String child)	根据 parent 路径名字符串和 child 路径名字符串创建一个新 File 实例
File(URI uri)	通过将给定的 file: URI 转换成一个抽象路径名来创建一个新的 File 实例

File 类不仅用于表示已有的目录路径、文件或者文件组,还可用于新建目录、文件,查询文件属性,检查是否是文件,以及删除文件等。File 类的主要方法如表 11.22 所示。

表 11.22　File 类主要方法表

方　法	说　明
String getName( )	返回由此抽象路径名表示的文件或目录的名称
boolean canRead( )	测试应用程序是否可以读取此抽象路径名表示的文件
boolean canWrite( )	测试应用程序是否可以修改此抽象路径名表示的文件
boolean exists( )	测试此抽象路径名表示的文件或目录是否存在
long length( )	返回由此抽象路径名表示的文件的长度
String getAbsolutePath( )	返回抽象路径名的绝对路径名字符串
String getParent( )	返回此抽象路径名的父路径名的路径名字符串,如果此路径名没有指定父目录,则返回 null
boolean isFile( )	测试此抽象路径名表示的文件是否是一个标准文件
boolean isDirectory( )	测试此抽象路径名表示的文件是否是一个目录
boolean isHidden( )	测试此抽象路径名指定的文件是否是一个隐藏文件
long lastModified( )	返回此抽象路径名表示的文件最后一次被修改的时间

在示例 11.9 中,通过标准输入读取源文件名称和目标文件名称,分别构造源文件和目标文件 File 对象,最后通过构造文件输入流和文件输出流,将源文件数据复制到目标文件。

示例 11.9　Java 文件编程应用示例。

```
//引入 I/O 包
import java.io. * ;
/* *
 * 该类使用 File 类实现文件的打开复制
 *
 * @author author
 */
public class CopyFile {
    // 标准输入流
    private static BufferedReader stdIn = new BufferedReader(
            new InputStreamReader(System. in));
    // 标准输出流
    private static PrintWriter stdOut = new PrintWriter(System. out, true);
    // 标准错误输出流
    private static PrintWriter stdErr = new PrintWriter(System. err, true);
```

```java
public static void main(String[] args) throws IOException {
    // 读入源文件名
    stdErr. print("Source filename: ");
    stdErr. flush();
    String sourceName = stdIn. readLine();
    // 读入目的文件名
    stdErr. print("Destination filename: ");
    stdErr. flush();
    String destName = stdIn. readLine();
    copyFile(sourceName, destName);
}
/ * *
 * 该方法实现将源文件的文件内容拷贝到目的文件中
 *
 * @param sourceName
 *         源文件的文件名
 * @param destName
 *         目的文件的文件名
 * /
private static void copyFile(String sourceName, String destName) {
    try {
        int byteRead = 0;
        File sourceFile = new File(sourceName);
        // 如果源文件存在
        if (sourceFile. exists()) {
            // 读入源文件
            FileInputStream inStream = new FileInputStream(sourceName);
            // 写入目的文件
            FileOutputStream outStream = new FileOutputStream(destName);
            byte[] buffer = new byte[1024];
            while ((byteRead = inStream. read(buffer)) ! = -1) {
                outStream. write(buffer, 0, byteRead);
            }
            stdOut. println("The length of the source file is: "
                    + sourceFile. length());
```

```
                inStream. close();
                outStream. close();
                stdOut. println("Copy Done!");
                }
            } catch (Exception e) {
                stdErr. println("There is something wrong when copy the file. ");
                e. printStackTrace();
            }
        }
    }
}
```

11.4.2　雇员系统文件读写编程

根据本章所学的知识可以实现图 2. 18 所示类图中的类 EmployeeManagerSystem、类 EmployeeLoader 和雇员信息数据文件 Employee. dat。

示例 11. 10　Employee. dat。

//雇员信息格式:雇员类型_雇员身份标识_雇员名字_雇员出生日期_雇员联系方式_工资

General_2010001_smith_19801102_88434490_5000. 00

General_2010002_Erich Gamma_19811023_88434467_4500. 00

Hour_2010003_Joshua Bloch_19810718_88434498_30. 00

Hour_2010004_Martin Fowler_19830629_88434445_35. 00

Commission_2010005_Steve C McConnell_19850414_88434423_6000. 00

Commission_2010006_Stan Getz_19861227_88434447_5500. 00

Commission_2010007_Joao Gilberto_19831022_88434497_5000. 00

NonCommission_2010008_james_19840908_88434412_6500. 00

NonCommission_2010009_Santana_19870415_88434418_6500. 00

NonCommission_2010010_Beatles_19821230_88434436_7000. 00

NonCommission_2010011_Kernighan_19800503_88434472_7000. 00

示例 11. 11　EmployeeManagerSystem. java。

import java. io. * ;

import java. text. ParseException;

import java. util. * ;

/ * *

* 该类建模一个信息管理系统

* 根据用户不同的选择,以不同的格式显示雇员信息

*

```
 * @author author
 * @version1. 0. 0
 * @see Employee
 * @see EmployeesFormatter
 * @see PlainTextEmployeesFormatter
 * @see HTMLEmployeesFormatter
 * @see XMLEmployeesFormatter
 */
public class EmployeeManagerSystem {
    //标准的输入流
    private static BufferedReader stdIn =
        new BufferedReader(new InputStreamReader(System. in));
    //标准的输出流
    private static PrintWriter stdOut = new PrintWriter(System. out，true);
    //标准的错误输出流
    private static PrintWriter stdErr = new PrintWriter(System. err，true);
    //
    private static EmployeeLoader epp = new EmployeeLoader();
    //以不同格式显示雇员信息的接口
    private EmployeesFormatter employeesFormatter；
    /* *
     * 创建 EmployeeManagerSystem 类的实例
     * 将数据读入 EmployeeLoader 并启动该应用程序
     * @param args
     *       字符串参数,未用到
     * @throws IOException
     *       读入的数据出现问题,抛出该异常
     * @throws DataFormatException
     *       读入的数据格式有问题,抛出该异常
     * @throws ParseException
     *       雇员生日数据格式转换出现问题,抛出该异常
     * /
    public static void main(String[] args) throws
        IOException，DataFormatException，ParseException{
        EmployeeManagerSystem app = new EmployeeManagerSystem();
```

```
    app. run();
}
 /**
* 显示可选菜单,执行用户选择的要执行的任务
*
* @throws IOException
*        读入的数据出现问题,抛出该异常
* @throws DataFormatException
*        读入的数据格式有问题,抛出该异常
* @throws ParseException
*        雇员生日数据格式转换出现问题,抛出该异常
*/
private void run() throws IOException, DataFormatException, ParseException {
    // 获得用户选择
    int choice = getChoice();
    while(choice ! = 0){
        if (choice == 1){
            // 如果用户选择 1,以文本形式显示雇员信息
            setEmployeesFormatter(
            PlainTextEmployeesFormatter. getSingletonInstance());
        } else if (choice == 2){
            // 如果用户选择 2,以 html 形式显示雇员信息
            setEmployeesFormatter(
                HTMLEmployeesFormatter. getSingletonInstance());
        } else if (choice == 3){
            // 如果用户选择 3,以 xml 形式显示雇员信息
            setEmployeesFormatter(
                XMLEmployeesFormatter. getSingletonInstance());
        }
        displayEmployees();
        choice = getChoice();
    }
}
/**
* 显示可选菜单,验证用户的选择
```

```
 *
 * @return [0,3]之间的一个整数
 * @throws IOException
 *         读入用户选择出现问题，抛出异常
 */
private int getChoice() throws IOException {
    int input;
    do{
        try{
            stdErr. println();
            // 输出显示可选菜单
            stdErr. print("[0]    Quit\n"
                        + "[1]    Display Plain Text\n"
                        + "[2]    Display HTML\n"
                        + "[3]    Display XML\n"
                        + "choice> ");
            stdErr. flush();
            // 将用户输入转化成整形数据
            input = Integer. parseInt(stdIn. readLine());
            stdErr. println();
            if (0 <= input && 3 >= input){
                break;
            } else {
                stdErr. println("Invalid choice：" + input);
            }
        } catch (NumberFormatException  nfe)  {
            stdErr. println(nfe);
        }
    }  while (true);
    // 返回用户选择
    return input;
}
/* *
 * 改变雇员信息显示的格式
 *
```

```
    *  @param newFormatter
    * 雇员信息显示的格式
    * /
    private void setEmployeesFormatter(EmployeesFormatter newFormatter){
        employeesFormatter = newFormatter;
    }
    / * *
    * 使用用户选择的格式显示雇员信息
    *
    *  @throws IOException
    *          读入的数据出现问题,抛出异常
    *  @throws DataFormatException
    *          读入的数据格式有问题,抛出异常
    *  @throws ParseException
    *          雇员生日数据格式转换出现问题,抛出异常
    *  @throws FileNotFoundException
    *          雇员信息文件不存在,抛出异常
    * /
    private void displayEmployees() throws FileNotFoundException,
            IOException, DataFormatException, ParseException{
        ArrayList<Employee> employees =
                    epp. loadEmployee ( " Employee. dat "); stdOut. println
(employeesFormatter. formatEmployees(employees));
    }
}
```

示例 11. 12　EmployeeLoader. java。

```
import java. text. * ;
import java. util. * ;
import java. io. * ;
/ * *
* 类 FileEmployeeLoader 从文件中读取 Employee 对象的信息
* 并存放在 ArrayList 中
*
* @author author
* @version1. 1. 0
```

```java
     */
    public class EmployeeLoader {
        //定义员工类型前缀
        private final static String General_PREFIX = "General";
        private final static String Hour_PREFIX = "Hour";
        private final static String Commission_PREFIX = "Commission";
        private final static String NonCommission_PREFIX ="NonCommission";
        //定义分隔符
        private final static String DELIM = "_";
        //定义日期格式
        private final static SimpleDateFormat format =
        new SimpleDateFormat("yyyyMMdd");
        /**
         * 方法 loadEmployee 从文件中读取员工信息
         * 并将信息存放在 ArrayList<Employee>对象中返回
         *
         * @throws IOException
         *           读入的数据出现问题,抛出异常
         * @throws DataFormatException
         *           读入的数据格式有问题,抛出异常
         * @throws ParseException
         *           雇员生日数据格式转换出现问题,抛出异常
         * @throws FileNotFoundException
         *           雇员信息文件不存在,抛出异常
         * @return employees 返回读取到的员工信息
         */
        public ArrayList<Employee> loadEmployee(String filename)
                throws IOException, FileNotFoundException,
                    DataFormatException, ParseException {
            // 新建 ArrayList 对象存放员工信息
            ArrayList<Employee> employees = new ArrayList<Employee>();
            BufferedReader reader =
                    new BufferedReader(new FileReader(filename));
            String line = reader.readLine();
            // 逐行读取员工信息
```

```
    while (line ! = null) {
        Employee eitem = readEmployee(line);
        employees. add(eitem);
        line = reader. readLine();
    }
    reader. close();
            //返回读取到的所有员工信息
    return employees;
}
/ * *
 * 将读取到的一行员工信息解析，并创建相应的员工对象返回
 *
 * @param line
 *          从文件中读取到的一行员工信息
 * @return Employee
 *          返回读取到的一个员工的信息
 * @throws DataFormatException
 *          读入的数据格式有问题，抛出异常
 * @throws ParseException
 *          雇员生日数据格式转换出现问题，抛出异常
 * /
private Employee readEmployee(String line)
        throws DataFormatException, ParseException {
    // 使用 StringTokenizer 类解析员工信息
    StringTokenizer tokenizer = new StringTokenizer(line, DELIM);
    // 如果员工信息格式不正确或不完整则抛出异常
    if (tokenizer. countTokens() ! = 6) {
        throw new DataFormatException(line);
    } else {
        try {
            String prefix = tokenizer. nextToken();
                if (prefix. equalsIgnoreCase(General_PREFIX)) {
    // 如果员工信息前缀是 General_PREFIX 则返回 GeneralEmployee
    GeneralEmployee gEmployee =
                new GeneralEmployee(tokenizer
```

```
. nextToken(), tokenizer. nextToken(), format
. parse(tokenizer. nextToken()), tokenizer
. nextToken(), Double. parseDouble(tokenizer
. nextToken()));
    return (Employee) gEmployee;
} else if (prefix. equalsIgnoreCase(Hour_PREFIX)) {
// 如果员工信息前缀是 Hour_PREFIX 则返回 HourEmployee
    HourEmployee hEmployee = new HourEmployee(tokenizer
. nextToken(), tokenizer. nextToken(), format
. parse(tokenizer. nextToken()), tokenizer
. nextToken(), Double. parseDouble(tokenizer
. nextToken()));
return (Employee) hEmployee;
} else if (prefix. equalsIgnoreCase(Commission_PREFIX)) {
// 如果员工信息前缀是 Commission_PREFIX 则返回 CommissionEmployee
    CommissionEmployee cEmployee =
        new CommissionEmployee(tokenizer
. nextToken(), tokenizer. nextToken(), format
. parse(tokenizer. nextToken()), tokenizer
. nextToken(), Double. parseDouble(tokenizer
. nextToken()));
    return (Employee) cEmployee;
} else if (prefix. equalsIgnoreCase(NonCommission_PREFIX)) {
// 如果员工信息前缀是 NonCommission_PREFIX
// 则返回 NonCommissionEmployee
    NonCommissionEmployee ncEmployee =
            new NonCommissionEmployee(tokenizer
. nextToken(), tokenizer. nextToken(), format
. parse(tokenizer. nextToken()), tokenizer
. nextToken(), Double. parseDouble(tokenizer
. nextToken()));
    return (Employee) ncEmployee;
}
```

```
        } catch (NumberFormatException nfe) {
            throw new DataFormatException(line);
        }
    }
    return null;
    }
}
```

第 12 章 Java 图形界面编程

为了设计友好的人机交互界面,Java 语言提供了按钮、组合框、表格等多种功能强大的界面控制组件,支持顺序布局、网格布局等多种组件自动布局方式,以及具备完善的用户交互事件响应处理机制。本章将系统学习 Java 图形界面编程技术。

12.1 组件与容器

12.1.1 AWT 与 Swing 简介

图形用户界面(Graphics User Interface,GUI)以图形可视化方式,借助菜单、按钮等图形界面元素和鼠标、键盘操作,支持用户与计算机系统交互。图形用户界面包含一组图形界面元素,以及其位置关系、组合关系和逻辑调用关系,共同组成具有事件响应能力的图形界面系统。

初期,Java 提供的图形界面系统为抽象窗口工具包(Abstract Window Toolkit,AWT),位于 java.awt 包中。AWT 提供容器类、丰富的组件类和多种布局管理。AWT 简单易用,并能与操作系统的图形界面完全集成。但也因此,其具有平台相关性,不同操作系统下将呈现不同外观。

在 JDK 1.2 以后,Java 引入新的 Swing 组件。Swing 组件是对 AWT 组件的扩充,采用纯 Java 语言编写,不依赖于本地操作系统的 GUI,在不同操作系统上具有相同的外观。Java 推荐使用 Swing 组件,避免混合使用 AWT 组件和 Swing 组件。Swing 组件位于 javax.swing 包。

所有 AWT 和 Swing 组件都继承于公共基类:java.awt.Component。Component 类是抽象类,定义了所有图形组件的公共属性和操作。

1.颜色

Java 提供以下方法,用于设定图形组件的背景和前景颜色。其中,颜色定义为 java.awt.Color 类。Color 类提供上百个静态属性,例如 RED,BULE,GREEN,WHITE,YELLOW,GRAY 等,用于表示特定的颜色。设定组件背景和前景颜色的方法为:

public void setBackground(Color c)

public void setForeground(Color c)

2.字体

图形组件可以通过方法 setFont(Font font)设定其字体。Java 将字体定义为 java.awt.

Font 类。通过其构造方法 Font(String name, int style, int size),可以定义新的字体,其中,参数 name 值可以为 Dialog,DialogInput,Monospaced,Serif, orSansSerif;参数 style 值可以为 Font. PLAIN,Font. BOLD,Font. ITALIC;参数 size 定义了字体大小。图形组件也可以通过调用 Toolkit 对象的 getFontList( )方法,获取完整的系统字体列表。

3. 边框

Swing 组件,可以通过方法 setBorder(Border border)为组件设定多种有趣的边框。其中,边框类位于 javax. swing. border 包中,主要的边框类示例如下:

new TitledBorder("Title")

new EtchedBorder();

new LineBorder(Color. BLUE);

new MatteBorder(5,5,30,30,Color. GREEN);

new BevelBorder(BevelBorder. RAISED);

new SoftBevelBorder(BevelBorder. LOWERED);

new CompoundBorder(new EtchedBorder(), new LineBorder (Color. RED));

4. 可用性

当创建图形组件时,组件默认是激活状态。当用户与图形组件交互对特定应用程序状态没有意义时,可以禁用该组件。组件的激活和禁用,通过调用组件方法 setEnabled(boolean b)实现。当参数 b 值为 true 时,激活组件;当参数 b 值为 false 时,禁用该组件。

5. 可见性

当创建图形组件时,部分组件默认是可见的;另一些组件的可见性与其所在容器可见性相同。通过调用组件方法 setVisible(false),可以在容器可见时,将组件设定为不可见。

除了基本图形组件外,Java 提供一种特殊的图形组件——容器。容器能够包含其他的图形组件,实现图形组件的多级嵌套。所有容器类的基类为 Container 类。在默认情况下,组件按照其加入先后顺序存储在容器的内部数据结构中。表 12.1 描述了容器类的主要方法。

表 12.1　Container 类的常用方法

方法定义	功　　能
add(Component c)	添加组件 c 到容器的末尾
add(Component c, int index)	添加组件 c 到容器中,它的位置由 index 决定
remove(Component c)	从容器中删除组件 c
remove(int index)	从容器中删除由 index 指定位置处的组件
setLayout(LayoutManger m)	设置容器的布局管理器

根据图形组件功能的不同,可以将其分为三类:原子组件、中间容器和顶层容器。

原子组件是最基本的图形界面元素,如 JButton(按钮)、JLabel(标签)等。原子组件具有独立功能,不能包含其他组件。原子组件具有特定的图形样式,能够接受用户输入,以及向用户显示信息。

中间容器可以包含原子组件,并能够嵌套包含其他中间容器。中间容器主要用于容纳和管理所包含的图形界面元素。中间层容器主要包括 JPanel,JScrollPane,JSplitPane,JTabbedPane,JToolBar,JLayeredPane,JDesktopPane,JInternalFrame,JRootPane 等。

顶层容器位于图形界面嵌套结构的最外层,提供图形用户界面的顶层框架,能够包含其他中间容器和原子组件。Swing 提供三种主要顶层容器:JApplet,JDialog 和 JFrame,分别用于创建 Java 小程序、对话框和 Java 应用程序。

12.1.2　Java GUI 程序框架

Java GUI 程序采用层次嵌套结构,由顶层容器构造 GUI 应用程序外层框架。在顶层容器中包含中间容器,并且中间容器可以相互嵌套包含,最后由中间容器负责管理其所包含的原子组件,共同构成 GUI 程序层次框架。因此,典型的 Java GUI 程序设计过程主要包括:①创建 JFrame 应用程序框架;②继承 JPanel 创建用户界面程序。

1. 创建 JFrame 应用程序框架

JFrame 是 Java 应用程序的主框架,所有的 Java 应用程序图形界面都是在 JFrame 主框架之中进行设计。JFrame 窗口框架类似于 Windows 应用窗口,具有标题、边框、菜单等元素。如图 12.1 所示,典型的 JFrame 窗口由三部分组成:Frame(框架)、Menu Bar(菜单栏)和 Content Pane(内容面板)。

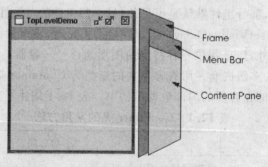

图 12.1　JFrame 窗口

创建 JFrame 应用程序框架的主要步骤包括:

(1)构造 JFrame 框架对象,指定其标题(Title)。

(2)设定 JFrame 框架尺寸。

(3)默认 JFrame 框架对象是不可见的,需要设定 JFrame 框架可见。

(4)为 JFrame 框架设定菜单栏,菜单栏中可以包含多个菜单和菜单项。

示例 12.1 为创建 JFrame 应用程序示例。

示例 12.1 JFrame 的基本用法示例。

```
//引入 Swing 包中的 JFrame 类
import javax. swing. JFrame;
//声明当前类继承自 JFrame
public class FrameDemo extends JFrame
{
    public static void main(String[] args)
    {
        //实例化一个 JFrame,并指定窗体标题
        FrameDemo fr = new FrameDemo("FrameDemo");
        //设置 JFrame 窗体大小
        fr. setSize(400,150);
        //设置窗体可见
        fr. setVisible(true);
        //设置关闭窗口时的方式:关闭窗口并退出应用程序
        fr. setDefaultCloseOperation(JFrame. EXIT_ON_CLOSE);
    }
    public FrameDemo(String str)
    {
        //调用父类的构造方法设置窗体标题
        super(str);
    }
}
```

示例 12.1 的运行结果如图 12.2 所示。

图 12.2　JFrame 示例演示

2. 继承 JPanel 创建用户界面程序

JPanel 是一个没有明显边界的中层容器,不能被单独使用,必须放置在另一个容器中。

JPanel 提供 add( )方法,可以将其他原子组件或者中级容器放置其中,方便对其内部元素的组织管理。

继承 JPanel 创建用户界面程序的主要步骤包括:

(1)构建一个 JPanel 中级容器对象。

(2)用 setContentPane( )方法把该容器置为 JFrame 的内容面板。

(3)将要显示的组件添加到 JPanel 中。

示例 12.2 为创建 JPanel 的应用程序示例。

示例 12.2 JPanel 的基本用法示例。

```java
//引入 Swing 包中的 JFrame 类
import javax. swing. JFrame;
import javax. swing. JLabel;
import javax. swing. JPanel;
//声明当前类继承自 JFramepublic class FrameDemo extends JFrame
{     public static void main(String [ ] args)
    {

        // 实例化一个 JPanel,并指定窗体标题
        FrameDemo fr = new FrameDemo("FrameDemo");
        // 设置 JFrame 窗体大小
        fr. setSize(400,150);
        // 创建新的 JPanel
        // JPanel panelOne = new JPanel ();
        //创建标签组件
        //JLabel labelOne = new JLabel ("I am labelOne        ");
        //设置创建的 JPanel 为内容组件
        fr.  setContentPane (panelOne);
        //将标签组件添加到 JPanel
        panelOne. add(labelOne);
        //设置窗体可见
        fr. setVisible(true);
        //设置关闭窗口时的方式:关闭窗口并退出应用程序
        fr. setDefaultCloseOperation(JFrame. EXIT_ON_CLOSE);
    }
    public FrameDemo(String str)
    {
        //调用父类的构造方法设置窗体标题
```

```
        super(str);
    }
}
```

示例 12.2 的运行结果如图 12.3 所示。

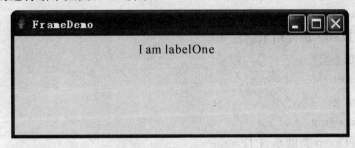

图 12.3　JPanel 示例演示

12.1.3　原子组件

Swing 组件提供了一套执行用户接口功能的原子组件。原子组件具有可定制的外观,能够向用户输出信息,或者接收用户的键盘、鼠标输入信息。下面介绍几种常见原子组件。

1. 标签组件

标签组件(JLabel),可以显示文本、图标,或者同时显示文本和图标。如表 12.2 所示,JLabel 类提供多种构造方法,用于构造不同类型的标签。

表 12.2　JLabel 类的构造方法及常用方法

方法定义	功　　能
JLabel( )	创建无图标并且其标题为空的标签
JLabel(Icon image)	创建具有指定图标的标签
JLabel(Icon image, int horizontalAlignment)	创建具有指定图标和水平对齐方式的标签。支持的对齐方式包括 JLabel. LEFT, JLabel. CENTER JLabel. RIGHT, JLabel. LEADING, JLabel. TRAILING
JLabel(String text)	创建具有指定文本的标签
JLabel (String text, Icon image, int horizontalAlignment)	创建具有指定文本、图标和水平对齐方式的标签
JLabel(String text, int horizontalAlignment)	创建具有指定文本和对齐方式的标签
setText(String text)	设定标签显示的文本
setIcon(Icon icon)	指定标签显示的图标
etToolTipText(String toolTipText)	设定标签的工具提示信息。当鼠标光标停留在标签上时,将显示其工具提示信息

在 Java Swing 中,图标定义为类 ImageIcon。ImageIcon 提供多种构造方法,支持从图像文件、字节数组、Image 对象和 URL 地址等方式创建图标。例如,从图像文件创建图标的格式为:

ImageIcon icon = new ImageIcon("bananas.jpg","an image with bananas");

示例 12.3 中,分别创建了三个标签组件,并将其加入内容面板。

示例 12.3 JLable 的使用示例。

```
//引入 awt 包
importJava. awt. * ;
//引入 Swing 包
import javax. swing. * ;
//声明 LableDemo 类继承自 JFrame
public class LabelDemo extends JFrame
{
    public static void main(String[] args)
    {
        //声明一个 JFrame 类对象,并设置标题
        LabelDemo fr = new LabelDemo("FrameDemo");
        //设置窗体大小
        fr. setSize(200,350);
        //获得窗体的内容面板
        Container container = fr. getContentPane();
        //设置内容面板的布局管理器
        container. setLayout(new FlowLayout());
        //创建第一个标签组件
        JLabel jLabel1 = new JLabel();
        //设置第一个标签显示文本
        jLabel1. setText("欢迎学习标签的用法");
        // 设置第一个标签的提示信息
        jLabel1. setToolTipText("工具提示:这是一个标签");
        //将第一个标签添加到内容面板中
        container. add(jLabel1);
        //创建一个图标
        Icon icon1 = new ImageIcon("E:/IconDemo1.png");
        //创建第二个标签,该标签同时有文本和图标,并将图标放置于文本左边
        JLabel jLabel2 = new JLabel("放大镜",icon1,SwingConstants. LEFT);
```

```
        //将第二个标签填加到内容面板中
        container. add(jLabel2);
        //创建第三个标签
        JLabel jLabel3 = new JLabel();
        //设置第三个标签的内容
        jLabel3. setText("笔记本");
        //创建第二个图标
        Icon icon2 = new ImageIcon("E:/IconDemo2. png");
        //设置第三个标签所使用的图标
        jLabel3. setIcon(icon2);
        //设置水平对齐方式
        jLabel3. setHorizontalTextPosition(SwingConstants. CENTER);
          //设置垂直对齐方式
        jLabel3. setVerticalTextPosition(SwingConstants. BOTTOM);
        //将第三个标签添加到内容面板中
        container. add(jLabel3);
        //设置 Frame 为可见
        fr. setVisible(true);
        //设置关闭窗口时的方式:关闭窗口并退出应用程序。
        fr. setDefaultCloseOperation(JFrame. EXIT_ON_CLOSE);
    }
    public LabelDemo(String str)
    {
        //调用父类的构造方法设置窗体标题
        super(str);
    }
}
```

示例 12.3 的运行结果如图 12.4 所示。

2. 按钮组件

按钮组件(JButton)主要用于接受和响应用户的鼠标事件。按钮上可以显示文本、图标或者同时显示文本和图标。JButton 提供 setRolloverIcon( )方法,可以设置在鼠标移入和移出 JButton 时显示的图片。JButton 类的构造方法和常用方法如表 12.3 所示。

图 12.4　JLable 示例演示

表 12.3　JButton 类的构造方法及常用方法

方法定义	功　能
JButton( )	创建一个没有文本和图标的按钮
JButton(Icon icon)	创建一个带图标的按钮
JButton(String text)	创建一个带文本的按钮
JButton(String text,Icon icon)	创建一个带初始文本和图标的按钮
setLabel(String text)	指定该按钮的标签
setRolloverIcon(Icon rolloverIcon)	该方法用来指定当用户将鼠标置于按钮上方时,该按钮所显示的图标

示例 12.4 中,分别创建一个文本按钮和图标按钮,并为图标按钮设置鼠标置于按钮上方时所显示的图标。

示例 12.4　JButton 的使用方法。

```
//引入所需图形包
importJava. awt. * ;
import javax. swing. * ;
//创建 ButtonDemo 类,并使其继承自 JFrame
    public class ButtonDemo extends JFrame
    {
```

```java
public static void main(String[] args)
{
    //声明一个 JFrame 并设置标题
    ButtonDemo fr = new ButtonDemo("Demo");
    //设置窗体大小
    fr.setSize(200,250);
    //得到内容面板
    Container container = fr.getContentPane();
    //设置内容面板的布局管理器
    container.setLayout(new FlowLayout());
    //创建第一个图标
    Icon icon1 = new ImageIcon("c:/IconDemo3.png");
    //创建第二个图标
    Icon icon2 = new ImageIcon("c:/IconDemo4.png");
    //创建第一个按钮
    JButton button1 = new JButton("button");
    //添加第一个按钮到容器
    container.add(button1);
    //创建第二个按钮
    JButton button2 = new JButton(icon1);
    //指定当用户将鼠标置于按钮上方时,该按钮所显示的图标。
    button2.setRolloverIcon(icon2);
    //添加第二个按钮到容器
    container.add(button2);
    //设置 Frame 为可见
    fr.setVisible(true);
    //设置关闭窗口时的方式:关闭窗口并退出应用程序。
    fr.setDefaultCloseOperation(JFrame.EXIT_ON_CLOSE);
}
public ButtonDemo(String str)
{
    //调用父类的构造方法
    super(str);
}
}
```

示例 12.4 的运行结果如图 12.5 所示。

图 12.5 JButton 示例演示

3.复选框组件

复选框组件(JCheckBox)可以让用户做出多项选择,主要用于用户选择属性。JCheckBox 类的构造方法及常用方法如表 12.4 所示。

表 12.4 JCheckBox 类的构造方法及常用方法

方法定义	功　能
JCheckBox( )	创建一个没有文本、没有图标并且最初未被选定的复选框
JCheckBox(Action a)	创建一个复选框,其属性从所提供的 Action 获取
JCheckBox(Icon icon)	创建一个图标及最初未被选定的复选框
JCheckBox (Icon icon, boolean selected)	创建一个带图标的复选框,并指定其最初是否处于选定状态
JCheckBox(String text)	创建一个带文本的、最初未被选定的复选框
JCheckBox (String text, boolean selected)	创建一个带文本的复选框,并指定其最初是否处于选定状态
JCheckBox(String text,Icon icon)	创建带有指定文本和图标的、最初未选定的复选框
JCheckBox(String text,Icon icon, boolean selected)	创建一个带文本和图标的复选框,并指定其最初是否处于选定状态
setLabel(String text)	指定该复选框的标签
setSelected(boolean b)	将该复选框设置为是否被选中。如果参数 b 为 true,则复选框被选中;如果参数 b 为 false,则复选框未被选中。缺省情况下,参数 b 的值为 false

示例 12.5 为 JCheckBox 的使用示例。

示例 12.5　JCheckBox 使用示例。

```java
//引入图形包
importJava. awt. * ;
import javax. swing. * ;
//声明一个 CheckBoxDemo 类继承自 JFrame
public class CheckBoxDemo extends JFrame
{
    public static void main(String[] args)
    {
        //创建一个 JFrame 窗体,并设置标题
        CheckBoxDemo fr = new CheckBoxDemo("Demo");
        //设置窗口大小
        fr. setSize(200,120);
        //得到内容面板
        Container container = fr. getContentPane();
        //设置内容面板的布局管理器
        container. setLayout(new FlowLayout());
        //创建一个标签
        JLabel jLabel = new JLabel("请选择要显示的文字效果");
        //创建一个复选框
        JCheckBox jCheckBox1 = new JCheckBox("粗体");
        //创建一个复选框
        JCheckBox jCheckBox2 = new JCheckBox("斜体");
        //设置该复选框设置为默认被选中
        jCheckBox2. setSelected(true);
        //创建一个复选框
        JCheckBox jCheckBox3 = new JCheckBox("下画线");
        //将该复选框设置为被选中
        jCheckBox3. setSelected(true);
        //添加标签到容器
        container. add(jLabel);
        //添加复选框到容器
        container. add(jCheckBox1);
        //添加复选框到容器
```

```
        container. add(jCheckBox2);
        //添加复选框到容器
        container. add(jCheckBox3);
        //设置 Frame 为可见
        fr. setVisible(true);
        //设置关闭窗口时的方式:关闭窗口并退出应用程序
        fr. setDefaultCloseOperation(JFrame. EXIT_ON_CLOSE);
    }
    public CheckBoxDemo(String str)
    {
        //调用父类的构造方法
        super(str);
    }
}
```

示例 12.5 的运行结果如图 12.6 所示。

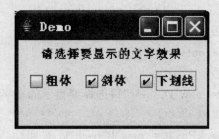

图 12.6　JCheckBox 示例演示

4.单选按钮

单选按钮(JRadioButton)具有选中和未选中两种状态。当多个单选按钮未成组时,可以同时选中多个单选按钮。当多个单选按钮被成组时,同一组单选按钮中同时只能有一个单选按钮被选中。JRadioButton 类的构造方法及常用方法如表 12.5 所示。

表 12.5　JRadioButton 类的构造方法及常用方法

方法定义	功　能
JRadioButton( )	创建一个初始化为未选择的单选按钮,其文本未设定
JRadioButton(Icon icon)	创建一个初始化为未选择的单选按钮,其具有指定的图像但无文本
JRadioButton (Icon icon, boolean selected)	创建一个具有指定图像和选择状态的单选按钮,但无文本

续表

方法定义	功　能
JRadioButton(String text)	创建一个具有指定文本的状态为未选择的单选按钮
JRadioButton（String text，Icon icon）	创建一个具有指定的文本和图像并初始化为未选择的单选按钮
JRadioButton（String text，Icon icon，boolean selected）	创建一个具有指定的文本、图像和选择状态的单选按钮
setLabel(String text)	指定该单选按钮的标签
setSelected(boolean b)	将该单选按钮设置为是否被选中。如果参数 b 为 true，则单选按钮被选中；如果参数 b 为 false，则单选按钮未被选中。缺省情况下，参数 b 的值为 false

在 Java Swing 中，ButtonGroup 容器类负责组织和管理一组按钮，并维护按钮之间的逻辑关系。当多个单选按钮添加到同一个 ButtonGroup 容器，如果选中其中某一个单选按钮，则会自动取消其他按钮选中状态。示例 12.6 演示了如何创建三个单选按钮，并将其置于同一ButtonGroup 容器。

示例 12.6　JRadioButton 的使用示例。

```
//引入相关包
importJava. awt. * ;
import javax. swing. * ;
//创建 RadioButtonDemo 类并继承 JFrame 类
public class RadioButtonDemo extends JFrame
{
    public static void main(String[] args)
    {
        //创建窗口类实例
        RadioButtonDemo fr = new RadioButtonDemo("Demo");
        //设置窗口大小
        fr. setSize(200,120);
        //得到内容面板
        Container container = fr. getContentPane();
        //设置内容面板布局管理器
        container. setLayout(new FlowLayout());
        //创建一个标签
        JLabel jLabel = new JLabel("请选择要进行的操作");
```

```
        //创建一个单选框
        JRadioButton jRadioButton1 = new JRadioButton("查询");
        //创建一个单选框
        JRadioButton jRadioButton2 = new JRadioButton("取款");
        //创建一个单选框
        JRadioButton jRadioButton3 = new JRadioButton("转账");
        //添加标签到容器
        container. add(jLabel);
        //添加单选框到容器
        container. add(jRadioButton1);
        //添加单选框到容器
        container. add(jRadioButton2);
        //添加单选框到容器
        container. add(jRadioButton3);
        //创建一个按钮组
        ButtonGroup radioButtonGroup = new ButtonGroup();
        //将所有相关单选按钮组织为一组
        radioButtonGroup. add(jRadioButton1);
        radioButtonGroup. add(jRadioButton2);
        radioButtonGroup. add(jRadioButton3);
        //设置 Frame 为可见
        fr. setVisible(true);
        //设置关闭窗口时的方式:关闭窗口并退出应用程序
        fr. setDefaultCloseOperation(JFrame. EXIT_ON_CLOSE);

    }
    public RadioButtonDemo(String str)
    {
        //调用父类的构造方法
        super(str);
    }
}
```

示例 12.6 的运行结果如图 12.7 所示。

5. 文本输入组件

Java 提供两种文本输入组件:文本区(JTextField),文本域(JTextArea)。其中,JTextField 主要用于输入单行文本,不支持换行;JTextArea 则支持多行文本输入,支持换行。

JTextField 和 JTextArea 均提供方法,能够显示文本,获取当前文本,设置是否允许编辑等。

JTextArea 本身不提供滚动条,但其实现了 Scrollable 接口,可以将其包含在 JScrollPane 中,从而控制使用滚动条,包括垂直滚动条、水平滚动条、两者兼得、或两者都不许。

JTextField 和 JTextArea 类的构造方法及常用方法分别如表 12.6 和表 12.7 所示。

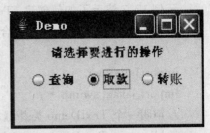

图 12.7　JRadioButton 示例演示

表 12.6　JTextField 类的构造方法及常用方法

方法定义	功　能
JTextField( )	创建一个空的文本输入框
JTextField(int columns)	创建一个指定列数 columns 的文本输入框
JTextField(String text)	创建一个显示文本 text 的文本输入框
JTextField(String text, int columns)	创建一个具有指定列数 columns,并显示文本 text 的文本输入框
setText(String t)	设定文本框显示的文本
setEditable(boolean b)	设定文本框是否允许编辑
setHorizontalAlignment (int alignment)	设置文本的水平对齐方式,有效值包括:JTextField. LEFT, JTextField. CENTER, JTextField. RIGHT, JTextField. LEADING,JTextField. TRAILING

表 12.7　JTextArea 类的构造方法及常用方法

方法定义	功　能
JTextArea( )	构造新的 TextArea
JTextArea(int rows, int columns)	构造具有指定行数 rows 和列数 columns 的新的空 TextArea
JTextArea(String text)	构造显示指定文本 text 的新的 TextArea
JTextArea(String text, int rows, int columns)	构造具有指定文本、行数和列数的新的 TextArea
setText(String t)	设定文本域显示的文本
setEditable(boolean b)	设定文本域是否允许编辑
append(String str)	将给定文本追加到文档结尾
insert(String str, int pos)	将指定文本插入指定位置
setWrapStyleWord(boolean word)	设置换行方式。如果设置为 true,则当行的长度大于所分配的宽度时,将在单词边界处自动换行;如果设置为 false,则将在字符边界处换行。此属性默认为 false

示例 12.7 演示了如何创建 JTextField 和 JTextArea,并将其加入框架。

示例 12.7 文本输入组件综合示例。

```java
//引入相关软件包
importJava. awt. * ;
import javax. swing. * ;
//声明一个 TextDemo 类并继承自 JFrame 类
public class TextDemo extends JFrame
{
    public static void main(String[] args)
    {
        //创建窗体
        TextDemo fr = new TextDemo("Demo");
        //设置窗口大小
        fr. setSize(270,270);
        //得到内容面板
        Container container = fr. getContentPane();
        //设置布局管理器
        container. setLayout(new FlowLayout());
        //创建一个单行文本框
        JTextField jTextField = new JTextField("单行文本框",20);
        //创建一个密码框
        JPasswordField jPasswordField = new JPasswordField("输入密码",20);
        //设置密码框的显示字符
        jPasswordField. setEchoChar('#');
        //创建一个多行文本框
        JTextArea jTextArea = new JTextArea ( " 多 行 文 本 框:JTextField 和
        JPasswordField" + "提供一个处理单行文本的区域,用户可以通过键盘在该区
        域中输入文本," + "或者程序将运行结果显示在该区域中。JPasswordField 是
        JTextField 的" + "子类,主要用于用户密码的输入,因此它会隐藏用户实际输
        入的字符。" + "与 JTextField(包括 JPasswordField) 只能处理单行文本不同,"
        + " JTextArea 可以处理多行文本。",6,20);
        //允许自动换行
        jTextArea. setLineWrap(true);
        //添加单行文本框到容器
        fr. add(jTextField);
```

```
        //添加密码框到容器
        fr.add(jPasswordField);
        //添加多行文本框到容器,并为其设置默认滚动条
        fr.add(new JScrollPane(jTextArea));
        //设置窗体为可见
        fr.setVisible(true);
        //设置关闭窗口时的方式:关闭窗口并退出应用程序。
        fr.setDefaultCloseOperation(JFrame.EXIT_ON_CLOSE);
    }
    public TextDemo(String str)
    {
        //调用父类的构造方法
        super(str);
    }
}
```

示例 12.7 的运行结果如图 12.8 所示。

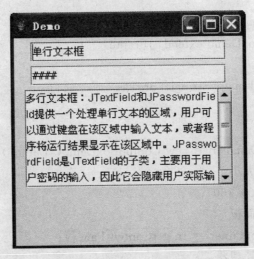

图 12.8　文本输入组件示例结果

6.组合框

组合框(JComboBox)提供一个下拉选择列表。当用户鼠标单击组合框时,将下拉出现选择项列表,用户可以从中单项选择某个选项。JComboBox 还可设置为支持编辑,允许用户选择或者输入值。JComboBox 类的构造方法及常用方法如表 12.8 所示。

表 12.8　JComboBox 类的构造方法及常用方法

方法定义	功　　能
JComboBox( )	创建具有默认数据模型的 JComboBox
JComboBox(Object item[])	创建包含指定数组中的元素的 JComboBox
JComboBox(Vector<? > item)	创建包含指定 Vector 中的元素的 JComboBox
addItem(Object o)	为列表添加项
setSelectedItem(int index)	将组合框显示区域中所选项设置为参数中的对象
setMaximumRowCount (int count)	设置 JComboBox 显示的最大行数
getSelectedItem( )	返回当前所选项

在示例 12.8 中,创建组合框,并将字符串数组设置为选择项。

示例 12.8　JComboBox 的用法。

```
//引入相关软件包
import Java. awt. * ;
import javax. swing. * ;
//声明 ComboBoxDemo 类并继承 JFrame 类
public class ComboBoxDemo extends JFrame
{
    public static void main(String[] args)
    {
        //创建窗体
        ComboBoxDemo fr = new ComboBoxDemo("Demo");
        //设置窗口大小
        fr. setSize(200,160);
        //得到内容面板
        Container container = fr. getContentPane();
        //设置布局管理器
        container. setLayout(new FlowLayout());
        //创建一个标签
        JLabel jLabel = new JLabel("请选择一种搜索引擎");
        //添加标签到容器中
        container. add(jLabel);
        //定义一组字符串
```

```
        String strNames[] = {"google","yahoo","baidu","sohu"};
        //创建一个 JComboBox 的实例
        JComboBox jComboBox = new JComboBox(strNames);
        //添加一个选项
        jComboBox. addItem("fast");
        //设置第三个选项默认被选中
        jComboBox. setSelectedIndex(2);
        //设置组合框能显示的选项的最大数目
        jComboBox. setMaximumRowCount(3);
        //将组件添加到容器中
        container. add(jComboBox);
        //设置窗体为可见
        fr. setVisible(true);
        //设置关闭窗口时的方式:关闭窗口并退出应用程序
        fr. setDefaultCloseOperation(JFrame. EXIT_ON_CLOSE);
    }
    public ComboBoxDemo(String str)
    {
        //调用父类的构造方法设置标题
        super(str);
    }
}
```

示例 12.8 的运行结果如图 12.9 所示。

图 12.9　JComboBox 示例演示

7. 列表框

列表框(JList)在屏幕上以固定行数显示列表项,用户可以从中选择一个或者多个选项。JList 组件均有对应的数据模型对象 ListModel,用于管理数据选项。在 ListModel 中数据选项变化后,将立即通知所注册的 JList 组件刷新其显示。当构造 JList 组件时,可以指定其数据模型对象 ListModel。如果没有指定,则系统自动为其创建一个 DefaultListModel 对象实例。JList 本身不提供滚动条,但可以将其包含在 JScrollPane 中来支持滚动。JList 的构造函数和常用方法如表 12.9 所示。

表 12.9　JList 类的构造方法及常用方法

方法定义	功　能
JList( )	构造一个具有空的、只读模型的 JList
JList(ListModel dataModel)	根据指定的非 null 数据模型构造一个显示元素的 JList
JList(Object[] listData)	构造一个 JList,使其显示指定数组中的元素
JList(Vector<? > listData)	构造一个 JList,使其显示指定 Vector 中的元素
getSelectedIndices()	返回所选的全部索引的数组(按升序排列)
getSelectedValues()	返回所有选择值的数组,根据其列表中的索引顺序按升序排序
isSelectionEmpty()	如果什么也没有选择,则返回 true,否则返回 false
setSelectedIndex(int index)	选择单个数据项
setSelectionMode(int selectionMode)	设置列表的选择模式,包括: SINGLE_SELECTION:一次只能选择一个列表索引; SINGLE_INTERVAL_SELECTION:一次只能选择一个连续间隔; MULTIPLE_INTERVAL_SELECTION:在此模式中,不存在对选择的限制,是默认设置

示例 12.9 为列表框(JList)的用法。

示例 12.9　JList 的用法。

```
//引入相关软件包
import java.awt. * ;
import javax. swing. * ;
//声明 ListDemo 类并继承 JFrame 类
public class ListDemo extends JFrame {
    public static void main(String[] args) {
        // 创建窗体
```

```
        ListDemo fr = new ListDemo("Demo");
        // 设置窗口大小
        fr.setSize(200，160);
        // 得到内容面板
        Container container = fr.getContentPane();
        // 设置布局管理器
        container.setLayout(new FlowLayout());
        // 创建一个标签
        JLabel jLabel = new JLabel("请选择一种搜索引擎");
        // 添加标签到容器中
        container.add(jLabel);
        // 定义一组字符串
        String strNames[] = { "google"，"yahoo"，"baidu"，"sohu"，"fast" };
        // 创建一个 JList 的实例
        JList jList = new JList(strNames);
        // 设置第三个选项默认被选中
        jList.setSelectedIndex(2);
        // 设置列表的选择模式：一次只能选择一个列表索引
        jList.setSelectionMode(ListSelectionModel.SINGLE_SELECTION);
        // 将组件添加到容器中
        container.add(jList);
        // 设置窗体为可见
        fr.setVisible(true);
        // 设置关闭窗口时的方式：关闭窗口并退出应用程序
        fr.setDefaultCloseOperation(JFrame.EXIT_ON_CLOSE);
    }
    public ListDemo(String str) {
        // 调用父类的构造方法设置标题
        super(str);
    }
}
```

示例 12.9 的运行结果如图 12.10 所示。

图 12.10　JList 示例演示

12.1.4　中间容器

在 Java GUI 程序中,中间容器用于组织和管理其内部包含的图形界面元素。Swing 提供多种中间容器,分别具有不同的特殊功能。下面介绍几种常用的中间容器。

1. JScrollPane

JScrollPane 提供带有滚动条的容器,能够容纳大于其大小的内容。JScrollPane 提供可选的垂直滚动条、水平滚动条、行标题和列标题。JScrollPane 的构造函数和常用方法如表 12.10 所示。

表 12.10　JScrollPane 类的构造函数及常用方法

方法定义	功　能
JScrollPane()	构造一个空的 JScrollPane 对象
JScrollPane(Component view)	建立一个新的 JScrollPane 对象,当组件内容大于显示区域时会自动产生滚动轴
JScrollPane(Component view, int vsbPolicy, int hsbPllicy)	建立一新的 JScrollPane 对象,里面含有显示组件,并设置滚动轴出现时机: HORIZONTAL_SCROLLBAR_ALAWAYS:显示水平滚动轴; HORIZONTAL_SCROLLBAR_AS_NEEDED:当组件内容水平区域大于显示区域时出现水平滚动轴; HORIZONTAL_SCROLLBAR_NEVER:不显示水平滚动轴; VERTICAL_SCROLLBAR_ALWAYS:显示垂直滚动轴; VERTICAL_SCROLLBAR_AS_NEEDED:当组件内容垂直区域大于显示区域时出现垂直滚动轴; VERTICAL_SCROLLBAR_NEVER:不显示垂直滚动轴

续 表

方法定义	功　能
JScrollPane（int vsbPolicy， int hsbPolicy）	建立一个新的 JScrollPane 对象，不含有显示组件，但设置滚动轴出现时机
setViewportView（Component view）	设置 JScrollPane 中心要显示的组件
setWheelScrollingEnabled（boolean handleWheel）	允许/禁止在鼠标滑轮滚动时出现滚动条
setColumnHeaderView（Component view）	创建一个行标题视口组件
setRowHeaderView（Component view）	创建一个列标题视口组件

在示例 12.10 中，创建一个图标标签，将其添加到 JscrollPane 中，然后将 JscrollPane 嵌套添加到框架中。

示例 12.10　JScrollPane 的应用示例。

```
//引入相关软件包
import java.awt. * ;
import javax. swing. * ;
//声明 ListDemo 类并继承 JFrame 类
public class ScrollPaneDemo extends JFrame {
    public static void main(String[] args) {
        // 创建窗体
        ListDemo fr = new ListDemo("Demo");
        // 设置窗口大小
        fr. setSize(300, 300);
        // 得到内容面板
        Container container = fr. getContentPane();
        // 创建一个图标
        Icon icon = new ImageIcon("E:/IconDemo. png");
        // 创建一个标签,并在标签中插入了一个图标
        JLabel label = new JLabel(icon);
        // 创建一个 JScrollPane 对象,并将标签 label 放入 scrollPane 中
        JScrollPane scrollPane = new JScrollPane(label);
        // 设定 scrollPane 的水平滚动轴一直显示
        scrollPane. setHorizontalScrollBarPolicy ( JScrollPane. HORIZONTAL _
```

SCROLLBAR_ALWAYS);

      // 设定 scrollPane 的垂直滚动轴一直显示

    scrollPane. setVerticalScrollBarPolicy (JScrollPane. VERTICAL _ SCROLLBAR _

ALWAYS);

      // 将组件添加到容器中

      container. add(scrollPane);

      // 设置窗体为可见

      fr. setVisible(true);

      // 设置关闭窗口时的方式:关闭窗口并退出应用程序

      fr. setDefaultCloseOperation(JFrame. EXIT_ON_CLOSE);

    }

    public ScrollPaneDemo(String str) {

      // 调用父类的构造方法设置标题

      super(str);

    }

}

示例 12.10 的运行结果如图 12.11 所示。

图 12.11 JScrollPane 示例演示

2. JSplitPane

JSplitPane 能够将 GUI 视图分为两个区域,分别显示不同的组件。JSplitPane 允许设置水平分割或者垂直分割,允许用户动态调整其大小,以及设置动态拖曳。在拖动分割线时,区域内组件大小将随之变动。为了显示全部内容，通常在 JSplitPane 中放置 JScrollPane。JSplitPane 的构造函数和常用方法如表 12.11 所示：

表 12.11　JScrollPane 类的构造函数及常用方法

方法定义	功　　能
JSplitPane()	创建一个水平方向分割的 JSplitPane，不支持动态拖曳
JSplitPane(int newOrientation)	创建一个指定分割方向的 JSplitPane，不支持动态拖曳。参数为： JSplitPane. HORIZONTAL_SPLIT JSplitPane. VERTICAL_SPLIT
JSplitPane（int newOrientation，boolean newContinuousLayout，Component newLeftComponent，Component newRightComponent）	创建一个指定分割方向的 JSplitPane，同时设定其左边组件和右边组件，并指定是否支持动态拖曳
JSplitPane（int newOrientation，Component newLeftComponent，Component newRightComponent）	创建一个指定分割方向的 JSplitPane，并设定其左边组件和右边组件
setDividerLocation(int location)	设置分隔条的位置，单位为像素点
setDividerLocation（double proportionalLocation）	设置分隔条的位置为 JSplitPane 大小的一个百分比
setDividerSize(int newSize)	设置分隔条的大小
setLeftComponent（Component comp）	将组件设置到分隔条的左边（或者上面）
setRightComponent（Component comp）	将组件设置到分隔条的右边（或者下面）

　　示例 12.11 构造了两个 JsplitPane，首先将主框架窗口拆分为上、下两部分，再将上部进行左、右拆分，最后形成三个窗口。

　　示例 12.11　JSplitPane 的用法。

```
//引入相关软件包
import java. awt. * ;
import javax. swing. * ;
//声明 SplitPaneDemo 类并继承 JFrame 类
public class SplitPaneDemo extends JFrame {
    public static void main(String[] args) {
        // 创建窗体
```

```
        SplitPaneDemo fr = new SplitPaneDemo("Demo");
        // 设置窗口大小
        fr.setSize(200，160);
        // 得到内容面板
        Container container = fr.getContentPane();
        // 创建第一个标签
        JLabel label1 = new JLabel("Label 1"，JLabel.CENTER);
        // 创建第二个标签
        JLabel label2 = new JLabel("Label 2"，JLabel.CENTER);
        // 创建第三个标签
        JLabel label3 = new JLabel("Label 3"，JLabel.CENTER);
        // 加入 label1,label2 到 splitPane1 中
        JSplitPane splitPane1 = new JSplitPane(JSplitPane.HORIZONTAL_SPLIT,
true，label1，label2);
        // 加入 splitPane1，label3 到 splitPane2 中
        JSplitPane splitPane2 = new JSplitPane(JSplitPane.VERTICAL_SPLIT,
true，splitPane1，label3);
        // 设置分隔线位置
        splitPane1.setDividerLocation(100);
        splitPane2.setDividerLocation(40);
        // 设置分隔线宽度的大小，以 pixel 为计算单位
        splitPane1.setDividerSize(5);
        splitPane2.setDividerSize(5);
        // 将组件添加到容器中
        container.add(splitPane2);
        // 设置窗体为可见
        fr.setVisible(true);
        // 设置关闭窗口时的方式:关闭窗口并退出应用程序
        fr.setDefaultCloseOperation(JFrame.EXIT_ON_CLOSE);
    }
    public SplitPaneDemo(String str) {
        // 调用父类的构造方法设置标题
        super(str);
    }
}
```

示例 12.11 的运行结果如图 12.12 所示。

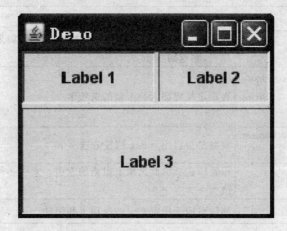

图 12.12　JSplitPane 示例演示

3. JTabbedPane

JTabbedPane 允许用户创建具有给定标题/图标的选项卡。当用户单击某个标题时，可以切换显示不同的选项卡。通过 addTab（）和 insertTab（）方法，可以为 JTabbedPane 增加选项卡。每个选项卡都有其位置索引，其中第一个选项卡的索引为 0，最后一个选项卡的索引为选项卡总数减 1。JTabbedPane 的构造函数和常用方法如表 12.12 所示。

表 12.12　JTabbedPane 类的构造函数及常用方法

方法定义	功　　能
JTabbedPane()	创建一个具有默认的 JTabbedPane. TOP 选项卡布局的空 TabbedPane
JTabbedPane(int tabPlacement)	创建一个空的 TabbedPane，使其具有指定选项卡布局：JTabbedPane. TOP, JTabbedPane. BOTTOM, JTabbedPane. LEFT, JTabbedPane. RIGHT
JTabbedPane（int tabPlacement, int tabLayoutPolicy）	创建一个空的 TabbedPane，使其具有指定的选项卡布局和选项卡布局策略。布局策略为 JTabbedPane. WRAP_TAB_LAYOUT 或 JTabbedPane. SCROLL_TAB_LAYOUT
addTab（String title, Icon icon, Component component, String tip）	添加一个标签组件，其中标题、图标和 tip 均可以为 null
getTabCount()	返回此 tabbedpane 的选项卡数

续 表

方法定义	功 能
indexOfTab(String title)	返回具有给定 title 的第一个选项卡索引,如果没有具有此标题的选项卡,则返回 −1
insertTab(String title, Icon icon, Component component, String tip, int index)	在指定位置插入一个新的选项卡
setEnabledAt(int index, boolean enabled)	设置是否启用 index 位置的选项卡
setSelectedIndex(int index)	设置所选择的此选项卡窗格的索引。索引必须为有效的选项卡索引或为 −1
remove(int index)	移除对应于指定索引的选项卡和组件

如示例 12.12 所示,创建 JtabbedPane,并为其添加三个 Tab 标签页面,每个标签页面中内置一个文本标签。

示例 12.12 JTabbedPane 用法示例。

```java
//引入相关软件包
import java.awt. * ;
import javax.swing. * ;
//声明 TabbedPaneDemo 类并继承 JFrame 类
public class TabbedPaneDemo extends JFrame {
    public static void main(String[] args) {
        // 创建窗体
        TabbedPaneDemo frame = new TabbedPaneDemo("Demo");
        // 设置窗口大小
        frame.setSize(300，150);
        // 得到内容面板
        Container container = frame.getContentPane();
        // 创建 TabbedPane
        JTabbedPane tabbedPane = new JTabbedPane();
        // 创建三个新的 label 分别编号
        JLabel label0 = new JLabel("Tab ♯0", SwingConstants.CENTER);
        JLabel label1 = new JLabel("Tab ♯1", SwingConstants.CENTER);
        JLabel label2 = new JLabel("Tab ♯2", SwingConstants.CENTER);
        // 将三个 label 加入到 TabbedPane 中
```

```
        tabbedPane. addTab("Tab #0", label0);
        tabbedPane. addTab("Tab #1", label1);
        tabbedPane. addTab("Tab #2", label2);
        // 设置显示第一个选项卡
        tabbedPane. setSelectedIndex(0);
        // 将组件添加到容器中
        container. add(tabbedPane);
        // 设置窗体为可见
        frame. setVisible(true);
        // 设置框架窗体的事件监听(关闭窗体事件)
        frame. setDefaultCloseOperation(JFrame. EXIT_ON_CLOSE);
    }
    public TabbedPaneDemo(String str) {
        // 调用父类的构造方法设置标题
        super(str);
    }
}
```

示例 12.12 的运行结果如图 12.13 所示。

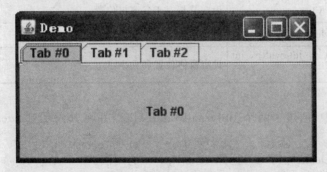

图 12.13　JTabbedPane 示例演示

4. JDesktopPane 和 JInternalFrame

JDesktopPane 和 JinternalFrame 是用于创建多文档界面或虚拟桌面的容器。首先创建多个 JInternalFrame 对象，并将其添加到 JDesktopPane。JDesktopPane 扩展于 JLayeredPane，能够管理可能重叠的内部窗体。JInternalFrame 类似于 JFrame，具有拖动、关闭、变成图标、调整大小、标题显示和支持菜单栏等功能。但其不能被独立使用，必须依附于其他容器内。JDesktopPane 和 JInternalFrame 的构造函数和常用方法分别如表 12.13 和表 12.14所示。

表 12.13　JDesktopPane 类的构造函数及常用方法

方法定义	功　能
JDesktopPane()	创建一个新的 JDesktopPane
getAllFrames()	返回桌面中当前显示的所有 JInternalFrames
getSelectedFrame()	返回此 JDesktopPane 中当前活动的 JInternalFrame,如果当前没有活动的 JInternalFrame,则返回 null
selectFrame(boolean forward)	选择此桌面窗格中的下一个 JInternalFrame
setSelectedFrame(JInternalFrame f)	设置此 JDesktopPane 中当前活动的 JInternalFrame

表 12.14　JInternalFrame 类的构造函数及常用方法

方法定义	功　能
JInternalFrame()	创建不可调整大小的、不可关闭的、不可最大化的、不可图标化的、没有标题的 JInternalFrame
JInternalFrame (String title, boolean resizable, boolean closable, boolean maximizable, boolean iconifiable)	创建具有指定标题、可调整、可关闭、可最大化和可图标化的 JInternalFrame
getDesktopPane()	获取其所在的 JDesktopPanc 实例
setLocation(int x, int y)	设定其相对于父窗口位置
setSelected(boolean selected)	设置是否激活显示该内部窗体
setBounds(int x, int y, int width, int hight)	设定窗体位置和大小

在示例 12.13 中,创建了两个 JinternalFrame 对象,并将其添加到 JdesktopPane 中进行管理。

示例 12.13　JDesktopPane 和 JInternalFrame 的用法。

```
//引入相关软件包
import java.awt. * ;
import javax. swing. * ;
//声明 DesktopPaneDemo 类并继承 JFrame 类
public class DesktopPaneDemo extends JFrame {
    public static void main(String[] args) {
        // 创建窗体
        DesktopPaneDemo frame = new DesktopPaneDemo ( " JDesktopPane and
JInternalFrame");
```

```
    // 设置窗口大小
    frame. setSize(300，300);
    // 得到内容面板
    Container container = frame. getContentPane();
    // 创建 JDesktopPane 对象
    JDesktopPane desktopPane = new JDesktopPane();
    // 创建 JInternalFrame 对象
    JInternalFrame iFrame1 = new JInternalFrame("Internal Frame 1"，true，
    true，true，true);
    JInternalFrame iFrame2 = new JInternalFrame("Internal Frame 2"，true，
    true，true，true);
    // 设置 JInternalFrame 对象的位置
    iFrame1. setLocation(25，25);
    iFrame2. setLocation(50，50);
    // 设置 JInternalFrame 对象的大小
    iFrame1. setSize(200，150);
    iFrame2. setSize(200，150);
    // 设定 JInternalFrame 对象可见
    iFrame1. setVisible(true);
    iFrame2. setVisible(true);
    // 将组件 JInternalFrame 对象添加到 desktopPane 中
    desktopPane. add(iFrame2);
    desktopPane. add(iFrame1);
    // 将组件 desktopPane 添加到容器中
    container. add(desktopPane);
    // 设置窗体为可见
    frame. setVisible(true);
    // 设置关闭窗口时的方式:关闭窗口并退出应用程序
    frame. setDefaultCloseOperation(JFrame. EXIT_ON_CLOSE);
  }
public DesktopPaneDemo(String str) {
    // 调用父类的构造方法设置标题
    super(str);
  }
}
```

示例 12.13 的运行结果如图 12.14 所示。

图 12.14   JDesktopPane 和 JInternalFrame 示例演示

12.2   对话框和菜单

对话框是图形用户界面中常见的窗口对象,应用十分广泛。在 Swing 中,可以使用 JOptionPane 类提供的方法来生成各种标准的对话框,也可以根据实际需要生成自定义对话框。菜单则是由菜单条、菜单项等组成,主要用于控制窗口对象。

12.2.1   对话框基础

对话框是 GUI 中常见窗口对象,主要用于向用户展示信息、提问等。通常对话框从某个窗口中弹出,并依附于该窗口,即当窗口关闭时,对话框也随之关闭。当应用对话框处理特殊问题时,不会破坏原始窗口,因此对话框被广泛应用。

在 Swing 中,JDialog 是所有对话框基类,通过继承 JDialog 类,可以创建自定义对话框。对话框 JDialog 类是一个顶级容器,缺省包含一个 JRootPane 作为其唯一的子组件。通过调用 JDialog 类的 add() 方法,可以为 JRootPane 增加子组件。在缺省情况下,对话框采用 BorderLayout 布局管理器。

当创建对话框 JDialog 对象时,需要指定对话框工作模式:无模式对话框和模式对话框。当无模式对话框打开时,仍可以切换处理其余窗口;而当模式对话框打开时,只能操作对话框。

在默认情况下,创建无模式对话框。

　　在创建对话框后,对话框并不能立即显示,必须调用对话框的 setVisible(true)方法,显示该对话框。当该对话框不再使用时,必须调用其 dispose( )方法,释放对话框所占用的资源。示例 12.14 为对话框使用示例。

示例 12.14　对话框使用示例。

```java
//引入所需软件包
import javax. swing. * ;
//声明 DialogDemo 类并继承自 JFrame 类
class DialogDemo extends JFrame
{
    public static void main(String[] args)
    {
        //生成窗体
        DialogDemo fr = new DialogDemo("Demo");
        //构造一个模式对话框
        JDialog jDialog = new JDialog(fr,"Demo",true);
        //创建一个标签
        JLabel jLabelID = new JLabel("Please input ID:");
        //创建一个标签
        JLabel jLabelPWD = new JLabel("Please input password:");
        //创建一个单行文本框
        JTextField jTextFieldID = new JTextField(50);
        //创建一个密码框
        JPasswordField jPasswordField = new JPasswordField(50);
        //创建一个按钮
        JButton jButtonOK = new JButton("OK");
        //创建一个按钮
        JButton jButtonCancel = new JButton("Cancel");
        //设置对话框的大小
        jDialog. setSize(340,200);
        //不使用布局管理器
        jDialog. setLayout(null);
        //添加标签到对话框中
        jDialog. add(jLabelID);
        //添加标签到对话框中
```

```
        jDialog. add(jLabelPWD);
        //设置标签在对话框中的位置和大小
        jLabelID. setBounds(20,30,140,20);
        //设置标签在对话框中的位置和大小
        jLabelPWD. setBounds(20,60,140,20);
        //添加单行文本框到对话框中
        jDialog. add(jTextFieldID);
        //添加密码框到对话框中
        jDialog. add(jPasswordField);
        //设置单行文本框在对话框中的位置和大小
        jTextFieldID. setBounds(160,30,150,20);
        //设置密码框在对话框中的位置和大小
        jPasswordField. setBounds(160,60,150,20);
        //添加按钮到对话框中
        jDialog. add(jButtonOK);
        //添加按钮到对话框中
        jDialog. add(jButtonCancel);
        //设置按钮在对话框中的位置和大小
        jButtonOK. setBounds(60,100,80,25);
        //设置按钮在对话框中的位置和大小
        jButtonCancel. setBounds(170,100,80,25);
        //设置该对话框为可见
        jDialog. setVisible(true);
        //设置关闭窗口时的方式:关闭窗口并退出应用程序
        fr. setDefaultCloseOperation(JFrame. EXIT_ON_CLOSE);
    }
    public DialogDemo(String str)
    {
        //调用父类的构造方法设置标题
        super(str);
    }
}
```

示例 12.14 的运行结果如图 12.15 所示。

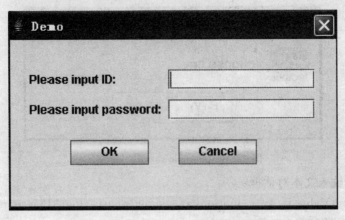

图 12.15　自定义对话框

12.2.2　标准对话框

在 Java Swing 中，提供四种标准对话框，分别支持信息显示、提出问题、警告、用户参数输入等功能。如表 12.15 所示，在 JOptionPane 类中，提供有四个静态方法，分别用于显示四种标准对话框。

表 12.15　标准对话框显示方法

方法名称	方法功能
showConfirmDialog(…)	显示确认对话框，请求用户确认操作
showInputDialog(…)	显示输入文本对话框，提示用户输入参数
showMessageDialog(…)	显示消息对话框，向用户展示信息
showOptionDialog(…)	显示选择性的对话框，请求用户选择确认

当创建标准对话框时，需要指定该对话框的父窗口。由于标准对话框都是模式对话框，在关闭标准对话框前，不能操作其他窗口。当创建标准对话框时，可以定制该对话框标题、显示图标、信息类型、显示消息以及内部组件（如按钮）等。

下面分别给出创建四种标准对话框的程序代码：

（1）显示一个确认对话框：

JOptionPane. showConfirmDialog(null, "chooseone", "choose one", JOptionPane. YES_NO_OPTION)；

其运行结果如图 12.16 所示。

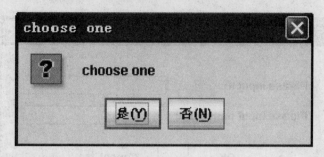

图 12.16　showConfirmDialog 演示

(2)显示一个输入文本对话框：

String strInputValue = J——OptionPane. showInputDialog("Please input a value")；
其运行结果如图 12.17 所示。

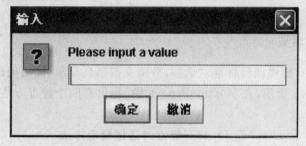

图 12.17　showInputDialog 演示

(3)显示一个消息对话框：

JOptionPane. showMessageDialog（null," alert "," alert ", JoptionPane. ERROR _
MESSAGE)；
其运行结果如图 12.18 所示。

图 12.18　showMessageDialog 演示

(4)显示一个选择对话框：

Object[] options ={ "OK", "CANCEL" }；

　　　　JOptionPane. showOptionDialog（null,"Click OK to continue", " Warning",

JOptionPane. DEFAULT_OPTION，JOptionPane. WARNING_MESSAGE，
null，options，options[1]);

其运行结果如图 12.19 所示。

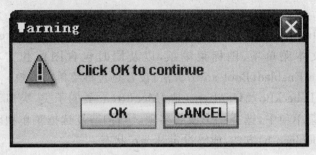

图 12.19　showOptionDialog 演示

12.2.3　菜单

菜单是图形用户界面的重要组成部分,如图 12.20 所示,它由菜单栏(Menu Bar)、菜单(Menu)、菜单项(Menu Item)等组成。首先在容器中创建菜单栏,将菜单添加到菜单栏上,再将菜单项添加到菜单中,通过逐层组装,最终完成菜单设计。其中,菜单项可以显示文字、图标,或者同时显示文字和图标;并且,菜单项还可以是单选框、复选框。为了对菜单项分组,允许在菜单中添加分隔条。

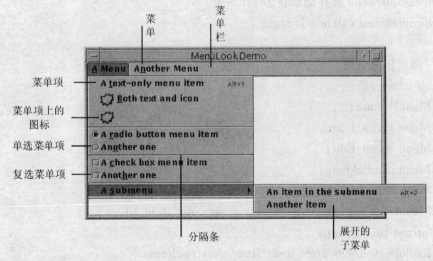

图 12.20　菜单实例图

在 Swing 中,菜单栏(JMenuBar)是菜单的容器。在构造菜单栏后,需要调用 JFrame,JDialog 等顶层容器的 setJMenuBar( )方法,将菜单栏设置到顶层容器中。在创建菜单栏后,

可以调用其 add(JMenu c)方法,向菜单栏中添加菜单。

菜单(JMenu)可以包含多个菜单项和子菜单。当单击菜单时,能够展开并显示其所包含的菜单项。菜单提供多个 add(…)方法,用于添加菜单项,并且提供 addSeparator()方法,添加分隔条。

菜单项(JMenuItem)是菜单所包含的一个图形界面组件。JMenuItem 提供多个构造函数,能够分别构造文本菜单项、图标菜单项,以及同时包含图标和文本菜单项。菜单项(JMenuItem)提供 setEnabled(Boolean b)方法,设置是否将菜单项失效。

复选框菜单项(JCheckBoxMenuItem)是 JMenuItem 类的子类,类似于复选框,允许用户从一组相关复选框菜单项中,选择一个或者多项。当构造复选框菜单项时,缺省为未选中状态。通过 setState(boolean b)方法,能够设定其选定状态。

单选菜单项(JRadioButtonMenuItem)是 JMenuItem 类的子类,类似于单选按钮,在一组相关的单选菜单项中,同一时刻只能选择其中的一个。

示例 12.15 具体演示了创建菜单,为其添加菜单项,然后将菜单添加到菜单栏,并将菜单栏设置在框架中。

示例 12.15 菜单组件的综合示例。

```
//引入所需软件包
importJava. awt. * ;
import javax. swing. * ;
//声明 SimpleMenu 类并继承自 JFrame 类
class SimpleMenu extends JFrame
{
    //声明相关引用
    Container c;
    JMenuBar mb;
    JMenu menu_File;
    JMenu menu_Edit;
    JMenu jRadioMenu;
    JMenu jCheckMenu;
    JMenuItem item_open,item_new,item_copy,item_p;
    ButtonGroup group;
    JRadioButtonMenuItem insertItem,overtypeItem;
    JCheckBoxMenuItem readonlyItem,writeonlyItem;
    public SimpleMenu(){
        //调用父类构造方法设置窗体标签
        super("编辑器");
```

```
//得到内容面板
c = getContentPane();
//得到菜单栏实例
mb = new JMenuBar();
//生成文件菜单
menu_File = new JMenu("文件");
//生成编辑菜单
menu_Edit = new JMenu("编辑");
//生成单选菜单
jRadioMenu = new JMenu("单选");
//生成多选菜单
jCheckMenu = new JMenu("多选");
//生成打开菜单项
item_open = new JMenuItem("打开...");
//生成新建菜单项
item_new = new JMenuItem("新建");
//生成复制菜单项
item_copy = new JMenuItem("复制");
//生成粘贴菜单项
item_p = new JMenuItem("粘贴");
//创建按钮组
group = new ButtonGroup();
//创建一个单选菜单项
insertItem = new JRadioButtonMenuItem("Insert");
//设置一个单选菜单项默认被选中
insertItem.setSelected(true);
//创建另一个单选菜单项
overtypeItem = new JRadioButtonMenuItem("Overtype");
//将单选菜单项添加到按钮组中
group.add(insertItem);
group.add(overtypeItem);
//创建一个多选菜单项
readonlyItem = new JCheckBoxMenuItem("Read-only");
//创建另一个多选菜单项
writeonlyItem = new JCheckBoxMenuItem("write-only");
```

```
        //给菜单添加菜单项
        menu_File. add(item_open);
        menu_File. addSeparator();
        menu_File. add(item_new);
        menu_Edit. add(item_copy);
        menu_Edit. addSeparator();
        menu_Edit. add(item_p);
        jRadioMenu. add(insertItem);
        jRadioMenu. add(overtypeItem);
        jCheckMenu. add(readonlyItem);
        jCheckMenu. add(writeonlyItem);
        //将菜单添加到菜单栏上
        mb. add(menu_File);
        mb. add(menu_Edit);
        mb. add(jRadioMenu);
        mb. add(jCheckMenu);
        //给当前窗口设置菜单栏
        this. setJMenuBar(mb);
        //设置窗口大小
        this. setBounds(200,200,300,300);
        //设置窗体可显示
        this. setVisible(true);
        //设置关闭动作
        this. setDefaultCloseOperation(JFrame. EXIT_ON_CLOSE);
    }
    public static void main(String []s){
        //实例化当前窗口
        SimpleMenu f = new SimpleMenu();
    }
}
```

示例 12.15 的运行结果如图 12.21 所示。

为方便使用,可以为菜单和菜单项创建快捷键和加速器。其中,快捷键只能从当前菜单下打开,选择一个菜单项。而加速器,可以在不打开菜单时,直接选择一个菜单项。

菜单 JMenu 具有 setMnemoics(int i)方法,用于设置菜单快捷键,默认设置为"Alt＋指定字符"调用。

图 12.21　菜单创建示例

JMenuItem 则提供 setAccelerator（KeyStroke k）方法，设置菜单项加速器。其中参数 KeyStroke 类的对象，只能使用 KeyStroke 类的 getKeyStroke（int keycode，int modifiers）方法获得。

例如在示例 12.15 中，增加以下代码，可分别为"文件"菜单和"打开"菜单项添加快捷键和加速器。

menu_File. setMnemonic(KeyEvent. VK_F)；

item_open. setAccelerator（KeyStroke. getKeyStroke（KeyEvent. VK_F，InputEvent. CTRL_MASK））；

12.3　布局管理器

12.3.1　布局管理器基础

Java 使用布局管理器对容器内的组件进行布局管理，可以确定组件在容器可用区域的位置和尺寸，维护组件之间的位置关系。Java 语言既支持手工布局，也支持自动布局。通过布局管理，能够帮助设计用户满意的图形界面。

如图 12.22 所示，Java 布局管理器均实现了 LayoutManager 的接口。通过实现该接口，用户可自定义新的布局管理器。

每个容器都有默认的布局管理器，可以通过组件的 setLayout（　）方法，修改组件的布局管理器。通常，用户程序无须直接访问布局管理器。当容器窗口尺寸变化时，容器会自动请求布局管理器,重新计算和设定容器内各个组件位置和尺寸。

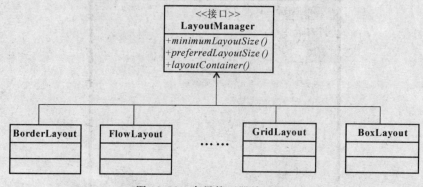

图 12.22　布局管理器关系图

在复杂的图形用户界面设计中,为了易于管理布局,具有简洁的整体风格,包含多个组件的容器本身也可以作为一个组件加到另一个容器中去,即容器中再添加容器,形成如图 12.23 所示的容器的嵌套。各个容器可以分别选择合适的布局管理器。

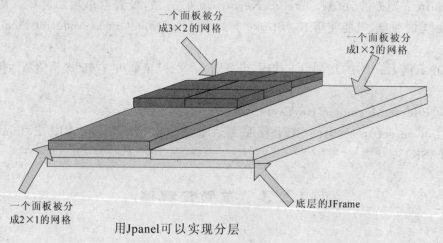

图 12.23　复杂容器布局设计图

12.3.2　顺序布局管理器

顺序布局管理器(FlowLayout)是指将组件从上到下、从左到右依次排列在窗体上,在排满一行后,后续的组件将被安排到下一行,直到所有的组件安置完毕。顺序布局管理器是一种最基本的布局,是 JPanel 和 JApplet 的默认布局方式。

顺序管理器支持 5 种组件对齐方式,即左对齐(FlowLayout. LEFT)、右对齐(FlowLayout. RIGHT)、居中对齐(FlowLayout. CENTER)、首部对齐(FlowLayout.

LEADING)、尾部对齐(FlowLayout. TRAILING)。默认对齐方式为左对齐,可以通过顺序
管理器的 setAlignment()方法,指定组件对其方式。例如,要将组件对齐方式改为右对齐,其
示例代码如下:

((FlowLayout)pane. getLayout()). setAlignment(FlowLayout. RIGHT);

在顺序管理器中,不仅可以指定组件对齐方式,还可以指定组件之间的横向间隔和纵向间
隔,横向间隔和纵向间隔缺省值都是 5 个像素。

在示例 12.16 中,将 JPanel 面板的布局管理器设置为顺序布局管理器,然后为其添加 6
个按钮。使用 pack( )方法可自动调整窗体的大小,窗体中的组件将根据窗体的大小自动顺序
排列。

示例 12.16　顺序布局管理器的使用。

```java
//引入相关软件包
import javax. swing. * ;
importJava. awt. * ;
public class TestFlowLayout
{
    public Component createComponents()
    {
        //创建一个面板并设定其布局管理器为 FlowLayout
        JPanel pane = new JPanel(new FlowLayout());
        //向面板顺序加入按钮
        pane. add(new JButton("按钮 1"));
        pane. add(new JButton("按钮 2"));
        pane. add(new JButton("按钮 3"));
        pane. add(new JButton("按钮 4"));
        pane. add(new JButton("按钮 5"));
        pane. add(new JButton("按钮 6"));
        //返回当前面板
        return pane;
    }
    public static void main(String[] args)
    {
        //创建窗体
        JFrame frame = new JFrame("顺序布局管理器演示");
        //创建 TestFlowLayout 对象
        TestFlowLayout testFlowLayout = new TestFlowLayout();
```

```
//将生成的面板加入到窗体中
frame. getContentPane(). add(testFlowLayout. createComponents());
//设置窗体默认关闭操作
frame. setDefaultCloseOperation( JFrame. EXIT_ON_CLOSE );
//自动调整窗口大小
frame. pack();
//显示窗口
frame. setVisible(true );
    }
}
```

示例 12. 16 的运行结果如图 12. 24 所示。

图 12.24　顺序布局管理器样式

在调整框架窗口大小后,窗口内的按钮将自动重新排列,如图 12. 25 所示。

图 12.25　调整窗体大小后的效果

12.3.3　边界布局管理器

边界布局管理器(BorderLayout)将容器分为如图 12. 26 所示的 5 个区:顶部(NORTH,北区)、底部(SOUTH,南区)、右端(EAST,东区)、左端(WEST,西区)和中央区(CENTER,中央区)。在边界布局管理器中,组件只能被布局在这 5 个区域中,最多只能有 5 个组件。如果未指定组件布局方位,则默认为中央区。如果某个区域没有布局组件,则其他区域组件可以延伸到空区域。

当为容器添加组件时,可以通过 add(Component comp, Object constraints)方法的第二

个参数,设置组件摆放区域,第二个参数的取值如下:

BorderLayout. NORTH:置于顶端;

BorderLayout. SOUTH:置于底部;

BorderLayout. WEST:置于右侧;

BorderLayout. EAST:置于左侧;

BorderLayout. CENTER:填满中央区域,与四周组件相接,可延展至边缘。

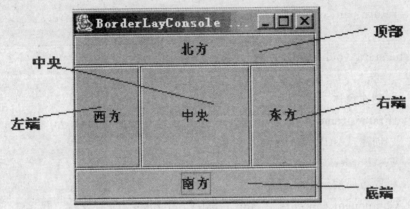

图 12.26　边界布局管理器

在示例 12.17 中,实现边界布局管理器的使用。

示例 12.17　边界布局管理器使用。

```
//引入相关软件包
import javax. swing. * ;
importJava. awt. * ;
public class TestBorderLayout
{
    public Component createComponents()
    {
        //生成一个面板
        JPanel pan = new JPanel ();
        //设置面板布局管理器为 BorderLayout
        pan. setLayout(new BorderLayout());
        //将一个按钮放置在面板北部(顶部)
        pan. add(new JButton("北方"),BorderLayout. NORTH);
        //将一个按钮放置在面板南部(底部)
        pan. add(new JButton("南方"),BorderLayout. SOUTH);
```

```
        //将一个按钮放置在面板东部(右部)
        pan. add(new JButton("东方"),BorderLayout. EAST);
        //将一个按钮放置在面板西部(左部)
        pan. add(new JButton("西方"),BorderLayout. WEST);
        //将一个按钮放置在面板中间位置
        pan. add(new JButton("中央"),BorderLayout. CENTER);
        return pan;
    }
    public static void main(String[] args)
    {
        //创建窗体
        JFrame frame = new JFrame("边界布局管理演示窗口");
        //创建 TestBorderLayout 对象
        TestBorderLayout app = new TestBorderLayout();
        //取布局演示组件容器
        Component contents = app. createComponents();
        //将组件容器加入到窗体中
        frame. getContentPane(). add(contents);
        //设置窗体默认关闭操作
        frame. setDefaultCloseOperation( JFrame. EXIT_ON_CLOSE );
        //自动调整窗体大小
        frame. pack() ;
        //设置窗口可显示
        frame. setVisible(true );
    }
}
```

示例 12.17 的运行结果如图 12.27 所示。

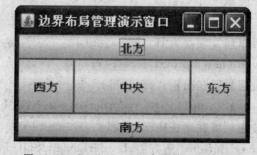

图 12.27 BorderLayout 布局管理器效果图

12.3.4　网格布局管理器

网格布局管理器(GridLayout)可构建一个放置组件的网格,按照从左到右、从上到下顺序布局组件。当构造网格布局管理器时,须要指定网格行数和列数。容器中的组件将忽略自身尺寸,统一按照网格宽度和高度布局,并且当构造网格布局管理器时,还可以指定组件之间的间距。

示例 12.18　网格布局管理器使用。

```
//引入相关软件包
import javax. swing. * ;
importJava. awt. * ;
public class TestGridLayout
{
    public Component createComponents()
    {
        //创建一个面板并设定其布局管理器为 GridLayout
        JPanel pane = new JPanel(new GridLayout(3,3));
        //向面板顺序加入按钮
        pane. add(new JButton("1"));
        pane. add(new JButton("2"));
        pane. add(new JButton("3"));
        pane. add(new JButton("4"));
        pane. add(new JButton("5"));
        pane. add(new JButton("6"));
        pane. add(new JButton("7"));
        pane. add(new JButton("8"));
        pane. add(new JButton("9"));
        return pane;
    }
    public static void main(String[] args)
    {
        //创建窗体
        JFrame frame = new JFrame("网格布局管理器演示");
        //创建 TestGridLayout 对象
        TestGridLayout testGridLayout = new TestGridLayout();
        //将生成的组件面板加入到窗体中
        frame. getContentPane(). add(testGridLayout. createComponents());
```

```
        //设置窗体默认关闭操作
        frame. setDefaultCloseOperation( JFrame. EXIT_ON_CLOSE );
        //自动调整窗体大小
        frame. pack();
        //设置窗口可显示
        frame. setVisible(true );
    }
}
```

示例 12.18 的运行结果如图 12.28 所示。

在网格布局管理器中,当组件数量超过所设定的网格总数时,GridLayout 将自动增加列数。例如,如果给示例 12.18 中加入 10 个按钮,其窗体布局将自动由三行三列变成三行四列,如图 12.29 所示。

图 12.28 网格布局管理器实例之一

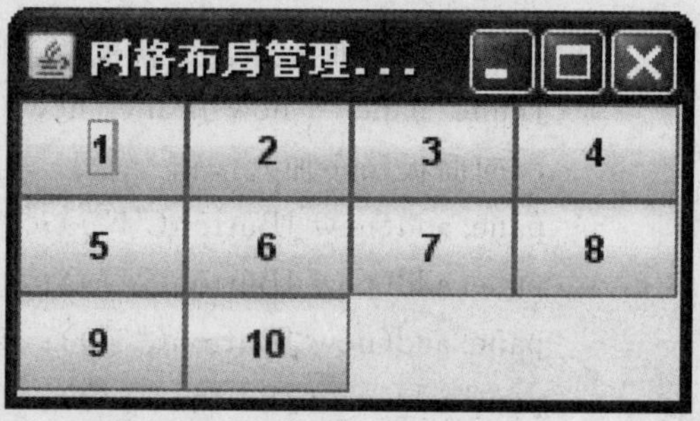

图 12.29 网格布局管理器实例之二

12.3.5 手工布局

在 Java 中,可以使用布局管理器来实现窗体界面的自动布局管理,也可直接指定组件的位置,即进行手工布局。当进行手工布局时,需要指出组件的位置和尺寸,包括以下两个步骤:

(1)使用 setLayout(null)方法把容器的布局管理设置为空。

(2)为每个组件调用 setBounds(int x,int y,int width,int height),其中用 x 和 y 指定组件所在位置,而用 width 和 height 指定组件的尺寸。

示例 12.19 手工布局的使用。

```
//引入相关软件包
import javax. swing. * ;
importJava. awt. * ;
public class TestBlankLayout
{
```

```
public Component createComponents()
{
    //创建一个面板
    JPanel pane = new JPanel();
    //创建三个按钮
    JButton button1 = new JButton("按钮 1");
    JButton button2 = new JButton("按钮 2");
    JButton button3 = new JButton("按钮 3");
    //将布局管理器设置为空
    pane.setLayout(null);
    //将三个按钮加入面板
    pane.add(button1);
    pane.add(button2);
    pane.add(button3);
    //在坐标为(10,10)的位置上显示一个宽和高均是 60 的按钮
    button1.setBounds(10,10,80,20 );
    //在坐标为(100,100)的位置上显示一个宽为 80,高为 30 的按钮
    button2.setBounds(100,100,80,30 );
    //在坐标为(60,60)的位置上显示一个宽为 80,高为 40 的按钮
    button3.setBounds(60,60,80,40 );
    return pane;
}
public static void main(String[] args)
{
    //创建 TestFlowLayout 对象
    JFrame frame = new JFrame("手工布局管理器演示");
    //生成 TestBlankLayout 对象
    TestBlankLayout testBlankLayout = new TestBlankLayout();
    //将生成的组件面板加入到窗体中
    frame.getContentPane().add(testBlankLayout.createComponents());
    //设置窗体默认关闭操作
    frame.setDefaultCloseOperation(JFrame.EXIT_ON_CLOSE );
    //设置窗体的大小为 200×200 像素
    frame.setSize(200,200 );
    //设置窗体可显示
```

```
        frame. setVisible(true );
    }
}
```

示例 12.19 的运行结果如图 12.30 所示。

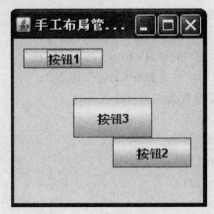

图 12.30   手工布局演示

12.4   事件处理机制

12.4.1   事件处理基础

在 Java 语言中,当用户与 GUI 组件交互时,GUI 组件能够激发一个相应事件。例如,用户按动按钮,滚动文本,移动鼠标或按下按键等,都将产生一个相应的事件。Java 提供完善的事件处理机制,能够监听事件,识别事件源,并完成事件处理。如图 12.31 所示,Java 事件处理机制主要包括事件源、事件对象和事件监听器。

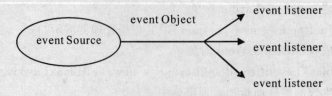

图 12.31   事件源、事件对象和事件监听器

(1)事件源(Event Source):它是事件的产生者,如单击按钮,则按钮即为该事件的事件源。

(2)事件对象(Event Object):它封装了该事件相关信息,主要包括事件源、事件属性等。事件监听器根据这些信息处理事件。

(3)事件监听器(Event Listener):它负责监听和处理事件。当事件被激发时,事件监听器能够获得该事件,并对事件进行响应和处理。

JDK1.1 以后版本,Java 语言采用委托事件模型,事件传递由事件监听器负责管理。任何事件处理程序首先向事件监听器注册。在系统监听事件发生后,将该事件委托给所关联的事件监听器管理。事件监听器对事件属性进行分析,将事件交付已注册事件处理程序进行处理。基于委托机制,能够将事件处理程序与事件源组件相互分离,简化事件处理编程复杂度,避免事件的意外处理。

例如,在图 12.32 中,当点击图中 Button 按钮时,则自动触发一个 Action event 事件,该事件的监听器为 ActionListener 对象,实现了 Listener 接口。由其 actionPerformed( )方法负责对 Button 的单击事件进行处理。

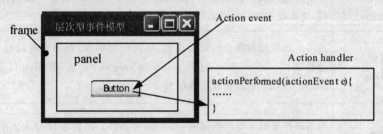

图 12.32　委托事件模型图

12.4.2　Java 事件类型

Java 应用事件(Event)记录用户与 GUI 组件之间的交互信息,其事件类均包含在 java.awt. event 和 java. swing. event 包中。其中,AWTEvent 类是一个抽象类,是所有事件类的基类,其余事件类都直接或者间接继承该类。事件类的层次结构如图 12.33 所示。

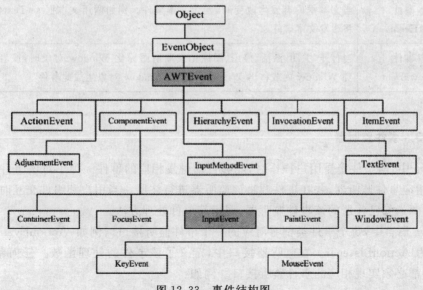

图 12.33　事件结构图

在 Java 语言中,常用事件类主要包括行为事件(ActionEvent)、焦点事件(FocusEvent)、项目事件(ItemEvent)、击键事件(KeyEvent)、鼠标事件(MouseEvent)、文本事件(TextEvent)和窗口事件(WindowEvent)等。表 12.16 介绍了主要事件类。

表 12.16 主要事件类介绍

事件名称	事件类介绍
行为事件 ActionEvent	当特定于组件的动作发生时,由组件生成此高级别事件。例如,按钮被按下时
焦点事件 FocusEvent	当组件得到或失去焦点时,发生焦点事件。例如,当输入焦点移入一个文本框时,文本框产生一个焦点事件
项目事件 ItemEvent	当用户选定或者撤销选定复选框、复选框菜单项、选择列表或列表项时,会产生项目事件。ItemEvent 提供 getStateChange()方法,获得项目选定状态;提供 getSelectedItems()获取所选项目
击键事件 KeyEvent	当用户按下或者释放按键时,发生击键事件。击键事件分为三类:键按下、键释放和键输入。通过 getKeyCode()方法,可获得键码;而通过 getKeyChar()方法,可获得按键对应的 Unicode 字符
鼠标事件 MouseEvent	当按下鼠标、释放鼠标或移动鼠标时,发生鼠标事件。鼠标事件包括鼠标单击、鼠标拖动、鼠标进入、鼠标离开、鼠标移动、鼠标按下、鼠标释放和鼠标滚轮等;并且提供方法,可获得鼠标位置坐标
文本事件 TextEvent	当文本框内容发生改变时,发生文本事件。例如调用文本框 setText()方法后,将激发文本事件
窗口事件 WindowEvent	当打开、关闭、激活、停用、图标化或取消图标化 Window 对象时,或者焦点转移到 Window 内或移出 Window 时,由 Window 对象生成此事件

12.4.3　事件监听器

在 Java 中,当组件接受用户操作时,能够自动触发相应的事件。为了对该事件进行处理,必须创建相应事件监听器,并在事件源将该监听器进行注册。当用户和组件交互时,相应事件发生,事件源通知已注册的该事件监听器,调用其事件处理方法。

在 Java 语言中,每个事件类都有对应的一个事件监听接口。例如,ActionEvent 事件的监听器接口为 ActionListener。在监听器接口中,定义了该事件的处理函数。任何希望监听该事件的类,都必须实现相应的事件监听接口。例如:

```
//创建 TestActionListener 类,并使之实现 ActionListener 接口
public class TestActionListener implements ActionListener
{
    //实现事件处理函数
    public void actionPerformed(ActionEvent e)
    {
        e. getActionCommand();
    }
}
```

在创建事件监听器后,还需在发生该事件的组件(事件源)上注册该事件监听器。这样,当事件发生时,组件将自动通知所有注册的事件监听器,对事件进行处理。组件对所能处理的事件 XXXEvent,均提供了对应的事件注册方法 addXXXListener(…)。通过该方法,将事件监听器注册到事件源。例如,为按钮组件注册监听器,可如下所列:

```
JButton buttonOne = new JButton("Enable Text Edit");
buttonFour. addActionListener(TestActionListener);
```

通过实现事件监听器接口×××Listener,能够创建监听器。但有些接口中方法很多,采用实现接口方式,必须实现接口中所有定义的方法,非常复杂。因此,Java 为每种事件接口提供相应的适配器类。适配器类已经实现了接口中所有定义的方法。通过继承适配器类,重写所需的方法,能够快速方便地创建所需的事件监听器。例如:

```
class MyWindowAdapter extends WindowAdapter {
    public void windowClosing(WindowEvent e) {
        System. exit(0);
    }
}
```

通常情况下,每个事件监听器注册在一个事件源上,但也可以将同一事件监听器注册在多个事件源上。在接收到事件后,通过调用事件的 getSource( )方法,可以判断触发事件的事件源。例如:

```
public void actionPerformed(ActionEvent e){
    if (e. getSource() == plusButton) {
        answerLabel. setText("plus");
    } else {
        answerLabel. setText("minus");
    }
}
```

在计算器示例 12.20 中,创建事件监听器 ListenerOne,同时注册在按钮 plusButton,

minusButton 上。根据事件源不同,分别执行加法和减法计算,为程序主窗口创建和注册了适配器 WindowListenerOne,并重写其 windowClosing( )方法。

示例 12.20 监听器使用。

```java
//Calculator. java
import java. awt. * ;
import javax. swing. * ;
import java. awt. event. * ;
public class Calculator extends JPanel {
    //Components are treated as attributes,so that
    //they will be visible to all of the methods of the class.
    //use description names for components where possible;
    //it makes your job easier later on !
    private JPanel leftPanel;
    private JPanel centerPanel;
    private JPanel buttonPanel;
    private JTextField input1TextField;
    private JTextField input2TextField;
    private JLabel answerLabel;
    private JButton plusButton;
    private JButton minusButton;
    public static void main(String[] args) {
        JFrame frame = new JFrame("Simple Calculator");
        class WindowListenerOne extends WindowAdapter {
            public void windowClosing(WindowEvent e) {
                System. exit(0);
            }
        }
        WindowListenerOne w = new WindowListenerOne();
        frame. addWindowListener(w);
        frame. setContentPane(new Calculator());
        frame. setSize(600,200);
        frame. setVisible(true);
    }
    //Constructor.
    public Calculator(){
```

```java
setLayout(new BorderLayout());
Font font = new Font("Serif", Font.BOLD, 30);
leftPanel = new JPanel();
leftPanel.setLayout(new GridLayout(3,1));
JLabel inputOne = new JLabel("Input 1：  ");
JLabel inputTwo = new JLabel("Input 2：  ");
JLabel Answer = new JLabel("Answer：  ");
inputOne.setFont(font);
inputTwo.setFont(font);
Answer.setFont(font);
leftPanel.add(inputOne);
leftPanel.add(inputTwo);
leftPanel.add(Answer);
add(leftPanel,BorderLayout.WEST);
centerPanel = new JPanel();
centerPanel.setLayout(new GridLayout(3,1));
input1TextField = new JTextField(10);
input2TextField = new JTextField(10);
answerLabel = new JLabel();
input1TextField.setFont(font);
input2TextField.setFont(font);
answerLabel.setFont(font);
centerPanel.add(input1TextField);
centerPanel.add(input2TextField);
centerPanel.add(answerLabel);
add(centerPanel,BorderLayout.CENTER);
buttonPanel = new JPanel();
buttonPanel.setLayout(new GridLayout(2,1));
plusButton = new JButton("+");
minusButton = new JButton("-");
plusButton.setFont(font);
minusButton.setFont(font);
buttonPanel.add(plusButton);
buttonPanel.add(minusButton);
add(buttonPanel,BorderLayout.EAST);
```

```
        //add behaviors!
        ListenerOne listner = new ListenerOne();
        plusButton. addActionListener(listner);
        minusButton. addActionListener(listner);
    }
    class ListenerOne implements ActionListener {
        public void actionPerformed(ActionEvent e){
            try{
                double d1 = new
                Double(input1TextField. getText()). doubleValue();
                double d2 = new
                Double(input2TextField. getText()). doubleValue();

                if (e. getSource() == plusButton) {
                    answerLabel. setText(""+(d1+d2));
                } else {
                    answerLabel. setText(""+(d1-d2));
                }
            } catch (NumberFormatException nfe){
                answerLabel. setText(nfe. getMessage());
            }
        }
    }
}
```

12. 5 公司雇员信息管理系统 GUI 编程实现

根据本章所学的知识可以实现图 2. 18 所示类图中的类 EmployeeCatalog、类 EmployeeManagerGUI 和类 EmployeeListListener(见示例 12. 21、示例 12. 22、示例 12. 23

示例 12. 21 EmployeeCatalog. java。

```
import java. util. * ;
/ * *
 * 类 EmployeeCatalog 维护员工信息目录
 * 获得包含类{@link Employee}的对象集合
 * * @author author
```

```
 * @version1.1.0
 * @see Employee
 */public class EmployeeCatalog implements Iterable<Employee> {
    //创建一个 ArrayList 存放 Employee 对象
    private ArrayList<Employee> employees;
    /**
     * 构造一个空的 ArrayList
     */public EmployeeCatalog()
        {this.employees = new ArrayList<Employee>();
    }
    /**
     * 添加一个新的对象到 employees 中
     * * @param employee
     *         Employee 对象
     */public void addEmployee(Employee employee) {
        this.employees.add(employee);
    }/**
     * 返回 employees 对象的游标类
     *
     * @return an{@link Iterator} of {@link Employee}
     */public Iterator<Employee> iterator() {return this.employees.iterator();}
    /**
     * 返回具有给定 id 号的员工信息
     *
     * @param id
     *         员工的编号 id
     * @return employee
     *         具有给定编号的雇员对象
     *         如果给定的员工编号没有找到,则返回空
     */public Employee getEmployee(String id) {
        for(Employee employee : this.employees) {
            if(employee.getId().equals(id)) {
                return employee;
            }
        }
```

```
            return null;
    }
    / * *
     * 返回 ArrayList 中存放的 Employee 对象个数
     *
     * @return ArrayList 中存放的 Employee 对象个数
     * /
    public int getNumberOfEmployees() {
        return this. employees. size();
    }
    / * *
     * 返回一个包含该目录中所有员工的 id 号的数组
     *
     * @return arrayOfIds
     *          一个包含该目录中所有员工的 id 号的数组
     * /
    public String[] getIds() {
        // 构造 String 数组,存放所有员工的 id 号
        String[] arrayOfIds = new String[getNumberOfEmployees()];
        int i = 0;
        for(Employee employee : this. employees) {
            arrayOfIds[(i++)] = employee. getId();
        }
        return arrayOfIds;
    }
}
```

示例 12. 22 EmployeeManagerGUI. java。

```
import java. io. * ;
import java. awt. * ;
import java. text. * ;
import java. util. * ;
import javax. swing. * ;
import javax. swing. event. * ;
/ * *
 * 类 EmployeeManagerGUI 构建图形界面
```

```
* 使用图形界面的方式显示员工的基本信息
*
* @author author
* @version1.1.0
* @see Employee
* @see EmployeeCatalog
* @see EmployeeLoader
* @see FileEmployeeLoader
* @see DataFormatException
* @see DataField
*/
public class EmployeeManagerGUI extends JPanel {
    /* 标准错误输出流 */
    static private PrintWriter stdErr = new PrintWriter(System.err, true);
    /* 窗口的宽度以像素为单位 */
    static private int WIDTH = 400;
    /* 窗口的高度以像素为单位 */
    static private int HEIGHT = 240;
    /* 列表单元的像素宽度 */
    static private int CELL_SIZE = 60;
    /* 列表中可见的行数 */
    static private int LIST_ROWS = 6;
    /* 状态文本区域的行数 */
    static private int STATUS_ROWS = 4;
    /* 状态文本区域的列数 */
    static private int STATUS_COLS = 40;
    /* 显示员工列表 */
    private JList employeeList;
    /* 显示员工 id 列表 */
    private JPanel employeeIdPanel;
    /* 显示员工基本信息 */
    private JPanel employeePanel;
    /* 显示状态信息 */
    private JTextArea statusTextArea;
```

```
    /＊存放员工目录 ＊/
    private EmployeeCatalog employeeCatalog;
    /＊＊
     ＊启动图形界面显示主程序,设定图形窗口的基本信息
     ＊
     ＊ @param args
     ＊          字符串参数,未用到
     ＊ @throws IOException
     ＊          读入数据出现问题,抛出该异常
     ＊ @throws ParseException
     ＊          雇员生日数据格式转换出现问题,抛出该异常
     ＊/
    public static void main(String[] args) throws IOException, ParseException {
        // 存放雇员基本信息文件的文件名
        String filename = "";
        // 从运行参数中获得存放雇员基本信息文件的文件名
        if (args. length ! = 1) {
            filename = "Employee. dat";
        } else {
            filename = args[0];
        }
        try {
            // 从文件名为 filename 的文件中读入员工信息
            EmployeeCatalog employeeCatalog = (new FileEmployeeLoader())
                    . loadCatalog(filename);
            // 设定窗口的标题
            JFrame frame = new JFrame("公司雇员信息管理系统");
            // 设定图形窗口的显示内容
            frame. setContentPane(new EmployeeManagerGUI(employeeCatalog));
            // 设定默认关闭操作
            frame. setDefaultCloseOperation(JFrame. EXIT_ON_CLOSE);
            // 设定图形窗口的大小
            frame. setSize(WIDTH, HEIGHT);
            // 得到图形窗口的大小
```

```java
            Dimension frameSize = frame.getSize();
            // 得到屏幕的尺寸
            Dimension screenSize = Toolkit.getDefaultToolkit().getScreenSize();
            int centerX = screenSize.width / 2;
            int centerY = screenSize.height / 2;
            int halfWidth = frameSize.width / 2;
            int halfHeight = frameSize.height / 2;
            // 将图形界面定位到屏幕中央
            frame.setLocation(centerX - halfWidth, centerY - halfHeight);
            // 设定图形窗口的大小可变
            frame.setResizable(true);
            // 图形窗口可见
            frame.setVisible(true);
        } catch (FileNotFoundException fnfe) {
            stdErr.println("文件不存在");
            System.exit(1);
        } catch (DataFormatException dfe) {
            stdErr.println("文件中包含错误格式信息：" + dfe.getMessage());
            System.exit(1);
        }
    }
    /**
     * 实例化图形界面的部件和窗口.
     *
     * @param iCatalog
     *               a employee catalog.
     */
    public EmployeeManagerGUI(EmployeeCatalog iCatalog) {
        employeeCatalog = iCatalog;
        // 新建 JList 存放员工目录
        employeeList = new JList(employeeCatalog.getIds());
        // 设定 JList 的选择模式为单选
        employeeList.setSelectionMode(ListSelectionModel.SINGLE_SELECTION);
        // 设定 JList 的可见列表索引个数
```

```
        employeeList. setVisibleRowCount(LIST_ROWS);
        employeeList. setFixedCellWidth(CELL_SIZE);
        // statusTextArea 显示提示信息
        statusTextArea = new JTextArea(STATUS_ROWS, STATUS_COLS);
        // 设定 statusTextArea 不可编辑
        statusTextArea. setEditable(false);
        // 创建显示员工基本信息面板
        employeePanel = new JPanel();
        // 设定 employeePanel 的标题
        employeePanel. setBorder(BorderFactory. createTitledBorder("员工基本信
息"));
        // employeeIdPanel 存放员工 id 列表
        employeeIdPanel = new JPanel();
        // 设定 employeeIdPanel 的标题
        employeeIdPanel. setBorder(BorderFactory. createTitledBorder("员工号"));
        // 将存放员工 id 号的 JList 添加到 employeeIdPanel 中
        employeeIdPanel. add(new JScrollPane(employeeList));
        // 设定布局管理器
        setLayout(new BorderLayout());
        // 将部件添加到窗口中
        add(employeeIdPanel, BorderLayout. WEST);
        add(employeePanel, BorderLayout. CENTER);
        add(statusTextArea, BorderLayout. SOUTH);
        // 为 JList 添加事件监听器
        employeeList. addListSelectionListener(new EmployeeListListener());
    }
    /**
     * 类 EmployeeListListener
     * 监听 JList 的选择并处理 List 选择事件
     */
    class EmployeeListListener implements ListSelectionListener {
        /**
         * 显示选择的员工的基本信息.
         *
```

```
 *  @param event
 *              事件对象.
 */
public void valueChanged(ListSelectionEvent event) {
        // 获得被选择员工的员工号
        String id = (String) employeeList. getSelectedValue();
        // 获得被选择员工的基本信息
        Employee employee = employeeCatalog. getEmployee(id);
        // 清空员工基本信息面板
        employeePanel. removeAll();
        employeePanel. setVisible(false);
        // 显示被选择员工的基本信息
        employeePanel. add(getDataFieldsPanel(employee. getDataFields()));
        employeePanel. setVisible(true);
        // 在状态区显示基本信息面板的当前状态
        statusTextArea. setText("Employee " + id
                    + "'s information list as above. ");
    }
}
/ * *
 * 获取包含员工基本信息的 JPanel 对象
 *
 * @param dataFields
 *              包含员工基本信息的 ArrayList
 * @return employeeInfo
 *              包含员工基本信息的 JPanel 对象
 */
private JPanel getDataFieldsPanel(ArrayList<DataField> dataFields) {
        // 创建一个 JPanel 对象存放员工基本信息
        JPanel employeeInfo = new JPanel();
        // 设定 JPanel 的布局管理器
        employeeInfo. setLayout(new BorderLayout());
        // 新建两个 JPanel 对象, left 显示信息类型, right 显示员工信息
        JPanel left = new JPanel();
```

```
        JPanel right = new JPanel();
        // 设定 left 和 right 的大小
        left. setPreferredSize(new Dimension(80，220));
        right. setPreferredSize(new Dimension(200，220));
        left. setLayout(new GridLayout(11，0));
        right. setLayout(new GridLayout(11，0));
        // 使用 Iterator 遍历 dataFields 取得员工信息
        for (DataField employee : dataFields) {
            // JLabel 显示信息类型
            JLabel eInfoName = new JLabel();
            // JTextField 显示对应类型的信息
            JTextField eInfo = new JTextField();
            eInfo. setEditable(false);
            // 设定 JLabel 和 JTextField 的内容
            eInfoName. setText(employee. getName() + "：");
            eInfo. setText(employee. getValue());
            // 将 JLabel 和 JTextField 添加到 JPanel 容器中
            left. add(eInfoName);
            right. add(eInfo);
        }
        // 将 left 和 right 添加到 employeeInfo 中
        employeeInfo. add(left，BorderLayout. WEST);
        employeeInfo. add(right，BorderLayout. EAST);
        // 返回包含员工信息的 JPanel
        return employeeInfo;
    }
}
```

在完成示例 12.21、示例 12.22、示例 12.23 编码后，系统运行结果如图 12.34 所示。

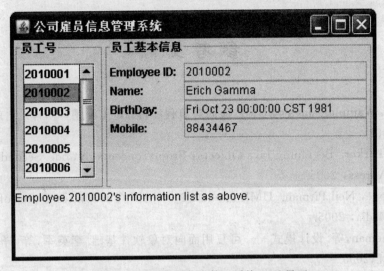

图 12.34　公司雇员信息管理系统 GUI 界面

参 考 文 献

[1] Bruce E. Wampler. Java 与 UML 面向对象程序设计. 王海鹏,等,译. 北京:人民邮电出版社,2002.

[2] Jacquie Barker. Beginning Java Objects：From Concepts to Code. Second Edition. New York：Apress, 2005.

[3] Dan Pilone, Neil Pitman. UML 2.0 in a Nutshell. The United States of America：O'Reilly Media, 2005.

[4] Eric Freeman,等. 设计模式——可复用面向对象软件基础. 李英军,等,译. 北京:机械工业出版社,2005.

[5] Bruce Eckel. Java 编程思想. 侯捷,译. 北京:机械工业出版社,2002.

[6] Grady Booch. 面向对象的分析与设计. 冯博琴,冯岚,薛涛,等,译. 北京:机械工业出版社,2003.

[7] Bruce Eckel. Thinking in Java. 4th ed. The United States of America：Prentice Hall PTR ,2007.